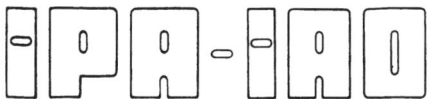

Forschung und Praxis

Band 115

Berichte aus dem
Fraunhofer-Institut für Produktionstechnik
und Automatisierung (IPA), Stuttgart,
Fraunhofer-Institut für Arbeitswirtschaft
und Organisation (IAO), Stuttgart, und
Institut für Industrielle Fertigung und
Fabrikbetrieb der Universität Stuttgart

Herausgeber: H. J. Warnecke und H.-J. Bullinger

Rolf Steinhilper

Produktrecycling im Maschinenbau

Mit 50 Abbildungen

**Springer-Verlag
Berlin Heidelberg New York
London Paris Tokyo 1988**

Dipl.-Ing. Rolf Steinhilper
Fraunhofer-Institut für Produktionstechnik und Automatisierung (IPA), Stuttgart

Dr.-Ing. H. J. Warnecke
o. Professor an der Universität Stuttgart
Fraunhofer-Institut für Produktionstechnik und Automatisierung (IPA), Stuttgart

Dr.-Ing. habil. H.-J. Bullinger
o. Professor an der Universität Stuttgart
Fraunhofer-Institut für Arbeitswirtschaft und Organisation (IAO), Stuttgart

D 93

ISBN-13: 978-3-540-18849-0   e-ISBN-13: 978-3-642-83363-2
DOI: 10.1007/978-3-642-83363-2

Dieses Werk ist urheberrechtlich geschützt. Die dadurch begründeten Rechte, insbesondere die der Übersetzung, des Nachdrucks, des Vortrags, der Entnahme von Abbildungen und Tabellen, der Funksendung, der Mikroverfilmung oder der Vervielfältigung auf anderen Wegen und der Speicherung in Datenverarbeitungsanlagen, bleiben, auch bei nur auszugsweiser Verwertung, vorbehalten. Eine Verfielfältigung dieses Werkes oder von Teilen dieses Werkes ist auch im Einzelfall nur in den Grenzen der gesetzlichen Bestimmungen des Urheberrechtsgesetzes der Bundesrepublik Deutschland vom 9. September 1965 in der Fassung vom 24. Juni 1985 zulässig. Sie ist grundsätzlich vergütungspflichtig. Zuwiderhandlungen unterliegen den Strafbestimmungen des Urheberrechtsgesetzes.
© Springer-Verlag, Berlin, Heidelberg 1988
Softcover reprint of the hardcover 1st edition 1988
Die Wiedergabe von Gebrauchsnamen, Handelsnamen, Warenbezeichnungen usw. in diesem Werk berechtigt auch ohne besondere Kennzeichnung nicht zu der Annahme, daß solche Namen im Sinne der Warenzeichen- und Markenschutz-Gesetzgebung als frei zu betrachten wären und daher von jedermann benutzt werden dürften.
Sollte in diesem Werk direkt oder indirekt auf Gesetze, Vorschriften oder Richtlinien (z. B. DIN, VDI, VDE) Bezug genommen oder aus ihnen zitiert worden sein, so kann der Verlag keine Gewähr für Richtigkeit, Vollständigkeit oder Aktualität übernehmen. Es empfiehlt sich, gegebenenfalls für die eigenen Arbeiten die vollständigen Vorschriften oder Richtlinien in der jeweils gültigen Fassung hinzuzuziehen.
Gesamtherstellung: Copydruck GmbH, Heimsheim
2362/3020—543210

Geleitwort der Herausgeber

Für eine Industriegesellschaft hat die Produktionstechnik eine Schlüsselstellung. Mechanisierung und Automatisierung haben es uns in den letzten Jahren erlaubt, die Produktivität unserer Wirtschaft ständig zu verbessern.

Heute wissen wir, daß wir nicht nur die Leistungssteigerung einzelner Maschinen und Verfahren in der Fertigung, sondern auch das Zusammenspiel der verschiedenen Unternehmensbereiche stärker beachten müssen. Dort, wo es Produkt und Produktionsprogramm zulassen, denken wir intensiv über die Verknüpfung von Konstruktion, Arbeitsvorbereitung, Fertigung und Qualitätskontrolle nach. Rechnerunterstützte Informationssysteme helfen dabei und sollen zum CIM (Computer Integrated Manufacturing) führen und CAD (Computer Aided Design) und CAM (Computer Aided Manufacturing) vereinen.

Auch das Geschehen im Büro wird neu durchdacht und mit Hilfe vernetzter Computersysteme teilweise automatisiert und mit den anderen Unternehmensfunktionen verbunden. Information ist zu einem Produktionsfaktor geworden, und die Art und Weise, wie man damit umgeht, wird mit über den Unternehmenserfolg entscheiden.

Darüber hinaus hängt der Erfolg in unseren Unternehmen auch in der Zukunft entscheidend von den dort arbeitenden Menschen ab. Rationalisierung und Automatisierung müssen deshalb im Zusammenhang mit Fragen der Arbeitsgestaltung betrieben werden, unter Berücksichtigung der Bedürfnisse der Mitarbeiter und unter Beachtung der erforderlichen Qualifikationen. Bereits im Planungsstadium müssen somit Technik, Organisation und Soziales integrativ betrachtet und mit gleichrangigen Gestaltungszielen belegt werden.

Was für das dargestellte Zusammenspiel der verschiedenen Unternehmensbereiche und die Verbindung der Produktionsfaktoren innerhalb eines Unternehmens gilt, muß jedoch zukünftig auch noch stärker in seinen Wechselwirkungen mit dem außerbetrieblichen Umfeld und mit den sich unter Umweltgesichtspunkten verändernden Märkten gesehen werden.

Von wissenschaftlicher Seite muß dieses Bemühen durch die Entwicklung von Methoden und Vorgehensweisen zur systematischen Analyse und Verbesserung des Systems Produktionsbetrieb einschließlich der erforderlichen Dienstleistungsfunktionen unterstützt werden. Die Ingenieure sind hier gefordert, in enger Zusammenarbeit mit anderen Disziplinen, z.B. der Informatik, der Wirtschaftswissenschaften und der Arbeitswissenschaft, Lösungen zu erarbeiten, die den veränderten Randbedingungen Rechnung tragen.

Beispielhaft sei hier an die Großserienproduktion einiger Investitions- und Gebrauchsgüter des Maschinenbaus erinnert, die sich in jüngster Zeit im Verlauf von nur zwei Jahrzehnten sehr stark erhöht hat. Bei einer Lebens- oder Nutzungsdauer von durchschnittlich 10 bis 15 Jahren werden diese Erzeugnisse somit in Kürze in heute noch nicht annähernd anzutreffenden Größenordnungen aus dem Markt zurückkehren, so daß für ein Recycling des zu erwartenden Mengenaufkommens dieser und anderer Erzeugnisse in wenigen Jahren eine stärkere Industrialisierung der dann einzusetzenden Aufbereitungs- und Aufarbeitungsverfahren zwingend notwendig sein wird.

Von der Forschung muß in diesem Zusammenhang ein Beitrag zur Entwicklung eines die gesamte Produktlebensdauer, mehrere Nutzungszyklen und verschiedene Recyclingverfahren überstreichenden gesamtheitlichen Denkens geleistet werden, in dem es für Hersteller und Anwender ein gemeinsames Optimum zu finden gilt. Planungsprozesse müssen durch Softwaresysteme unterstützt und Recyclingverfahren wissenschaftlich analysiert und neu gestaltet werden.

Die von den Herausgebern geleiteten Institute, das

- Institut für Industrielle Fertigung und Fabrikbetrieb der Universität Stuttgart (IFF),

- Fraunhofer-Institut für Produktionstechnik und Automatisierung (IPA),

- Fraunhofer-Institut für Arbeitswirtschaft und Organisation (IAO)

arbeiten in grundlegender und angewandter Forschung intensiv an den oben aufgezeigten Entwicklungen mit. Die Ausstattung der Labors und die Qualifikation der Mitarbeiter haben bereits in der Vergangenheit zu Forschungsergebnissen geführt, die für die Praxis von großem Wert waren. Zur Umsetzung gewonnener Erkenntnisse wird die Schriftenreihe "IPA-IAO -Forschung und Praxis" herausgegeben. Der vorliegende Band setzt diese Reihe fort. Eine Übersicht über bisher erschienene Titel wird am Schluß dieses Buches gegeben.

Dem Verfasser sei für die geleistete Arbeit gedankt, dem Springer-Verlag für die Aufnahme dieser Schriftenreihe in seine Angebotspalette und der Druckerei für saubere und zügige Ausführung. Möge das Buch von der Fachwelt gut aufgenommen werden.

H.J. Warnecke und H.-J. Bullinger

Vorwort des Verfassers

Die vorliegende Arbeit entstand während meiner Tätigkeit als wissenschaftlicher Mitarbeiter am Fraunhofer-Institut für Produktionstechnik und Automatisierung (IPA), Stuttgart. Die Untersuchungen wurden anteilig mit Mitteln des Bundesministeriums für Forschung und Technologie (BMFT), Projektträgerschaft "Feste Abfallstoffe" beim Umweltbundesamt, sowie mit Mitteln der Deutschen Forschungsgemeinschaft (DFG) im Schwerpunktprogramm "Ressourcenbewußte Gestaltung von Bauteilen des Maschinenbaus" gefördert.

Herrn Professor Dr.-Ing. Hans-Jürgen Warnecke, dessen großzügige Unterstützung und Förderung über Jahre hinweg entscheidend zur Durchführung dieser Arbeit beigetragen haben, möchte ich an dieser Stelle in erster Linie aufrichtig danken.

Herrn Professor Dr.-Ing. Wolfgang Beitz danke ich darüber hinaus für die Übernahme des Mitberichts und für seine wohlwollende Unterstützung bereits während der Anfertigung der Arbeit.

Mein Dank gilt auch zahlreichen Firmen für ihre Bereitschaft, die für diese Arbeit durchgeführten Fallstudien in der industriellen Praxis zu ermöglichen. Besonders erwähnen möchte ich hierbei Herrn Dr.-Ing. R. Brümmerhoff (Fa. J. Vaillant, Remscheid), Herrn Müller (Fa. BMW AG, Werk Landshut), Herrn Schlegel (Fa. Robert Bosch GmbH, Werk Leinfelden) sowie Mr. Charles Schwartz (Champion Parts Rebuilders Inc., Chicago/Illinois) und Mr. Norman Heroux (Unimation-Westinghouse, Danbury/Connecticut).

Aus dem großen Kreis der Mitarbeiter und Mitarbeiterinnen des Instituts, die mich mit inhaltlichen Anregungen oder durch tatkräftige Mithilfe bei der textlichen und grafischen Ausarbeitung unterstützt haben, möchte ich Herrn Dr.-Ing. Ekkehard Schulz, Herrn Dipl.-Ing. Siegfried Zöllner, Herrn Dipl.-Ing. Gerhard Grundler, Herrn Malte Schlüter, Herrn Arne Stechow, Frau Antje Ihle und Frau Karin Bogler sehr herzlich danken.

Stuttgart 1987   Rolf Steinhilper

I N H A L T Seite

0 Abkürzungen und Formelzeichen 14

1 Aufgabenstellung und Ziele 17

1.1 Problemstellung 17
1.2 Zielsetzung 19
1.3 Vorgehensweise 19

2 Stand der Erkenntnisse 22

2.1 Recycling-Kreislaufarten im Lebenszyklus 24
    eines Erzeugnisses

    2.1.1 Produktionsabfallrecycling 25
    2.1.2 Recycling während des Produktgebrauchs 26
    2.1.3 Altstoffrecycling 28

2.2 Recycling-Behandlungsprozesse 29

    2.2.1 Aufbereitung zur Werkstoffrückgewinnung 29
    2.2.2 Aufarbeitung zur Werkstückrückgewinnung 30
    2.2.3 Gekoppelte und verwandte Prozesse 30

2.3 Recyclingformen 31

    2.3.1 Wieder- und Weiterverwertung 31
    2.3.2 Wieder- und Weiterverwendung 32
    2.3.3 Mischformen 32

2.4 Quantifizierung von Recycling-Kreisläufen 33

    2.4.1 Rücklaufrate von Stoffen und Erzeugnissen 33
    2.4.2 Recyclingquote von Stoffen und Erzeugnissen 34
    2.4.3 Bewertung der Energieeinsparung 36

2.5 Anwendbarkeit der Erkenntnisse 37

3 Produktrecycling 39

3.1 Begriffliche Klärung 39

    3.1.1 Definition und Begründung 39
    3.1.2 Produktrecycling im großtechnischen, 41
          industriellen und handwerklichen Maßstab
    3.1.3 Abgrenzung zur Instandhaltung 43
          Instandsetzung

3.2 Situationsanalyse des Produktrecycling durch 46
Aufarbeiten in Austauscherzeugnisfertigungen

  3.2.1 Ergebnisse der Analyse von Technologien 47
  und Einrichtungen in Austauscherzeugnisfertigungen

    3.2.1.1 Demontage 48
    3.2.1.2 Reinigung 50
    3.2.1.3 Prüfen und Sortieren 51
    3.2.1.4 Bauteileaufarbeitung 53
    3.2.1.5 Montage 55

  3.2.2 Ergebnisse der Analyse der Kosten in 56
  Austauscherzeugnisfertigungen

    3.2.2.1 Kostenartenrechnung 57
    3.2.2.2 Kostenstellenrechnung 60
    3.2.2.3 Besonderheiten der Kostenträger- 61
    rechnung

3.3 Folgerungen aus der Situationsanalyse: 63
Aufgaben der technisch/wirtschaftlichen Optimierung
des Produktrecycling durch industrielles Aufarbeiten
in laufenden Austauscherzeugnisfertigungen

  3.3.1 Notwendige technologische Verbesserungen 63
  3.3.2 Notwendige konstruktive Verbesserungen 64
  3.3.3 Notwendige organisatorische und logistische 65
  Verbesserungen

3.4 Aufgaben der Entscheidungsfindung und Planung für 66
zukünftiges Produktrecycling

  3.4.1 Notwendige Entscheidungstechniken zur Auswahl 67
  geeigneter Produktrecyclingverfahren
  3.4.2 Notwendige Planungsmethoden zum Produkt- 68
  recycling durch industrielles Aufarbeiten

4 Entwicklung automatisierter Technologien und Ein- 69
richtungen für Demontage- und Sortiervorgänge beim
Produktrecycling

  4.1 Untersuchung der Automatisierbarkeit von Demontage- 69
  und Sortiervorgängen

    4.1.1 Umkehrbarkeit der Abläufe und Verfahren 70
    der automatisierten Montage
    4.1.2 Einflüsse der Komplexität von Baustrukturen 71
    4.1.3 Einflüsse der Ausführung von Verbindungen 73
    4.1.4 Weitere Einflüsse und Randbedingungen 75
    4.1.5 Ermittlung automatisiert demontierbarer 76
    Erzeugnisse

4.2 Konzeption einer flexibel automatisierten Demontagezelle für ausgewählte Erzeugnisse	77
4.2.1 Automatisierbare Demontageaufgaben	78
4.2.2 Teilfunktionen der Demontageaufgaben	80
4.2.3 Komponentenauswahl für die Teilfunktionen und Aufbau der Demontagezelle	81
4.2.4 Ablauf der automatisierten Demontage	85
4.2.5 Einsatzbereich und Anwendungsproblematik	88
5 Erarbeitung von Regeln und Maßnahmen zur konstruktiven Begünstigung des Produktrecycling	**89**
5.1 Grundregeln des recyclingorientierten Konstruierens	89
5.2 Regeln und Maßnahmen zur konstruktiven Begünstigung von Austauscherzeugnisfertigungen	90
5.2.1 Demontageorientierte Gestaltung	92
5.2.2 Reinigungsorientierte Gestaltung	93
5.2.3 Prüf-/Sortierorientierte Gestaltung	94
5.2.4 Bauteileaufarbeitungsorientierte Gestaltung	95
5.2.5 Montageorientierte Gestaltung	96
6 Entwicklung eines rechnergestützten Verfahrens zur kostenorientierten Mengenflußoptimierung in Austauscherzeugnisfertigungen	**97**
6.1 Modellbildung für Erzeugnis- und Bauteilflüsse in Austauscherzeugnisfertigungen	97
6.1.1 Strukturen und besondere Merkmale von Mengenflüssen in Austauscherzeugnisfertigungen	97
6.1.2 Mengenflüsse in Austauscherzeugnisfertigungen bei gleicher Anzahl demontierter und montierter Erzeugnisse	98
6.1.3 Funktionen der Teilegewinnung	100
6.1.4 Funktionen der Teilebereitstellung	101
6.1.5 Funktionen der Erzeugnismontage	102
6.2 Mengenflußveränderungen und Aufwandsverringerungen in der Teilebereitstellung bei Steigerung des Verhältnisses demontierter zu montierten Erzeugnissen (V_{DM})	103
6.2.1 Auswirkungen einer gezielten Erhöhung der Demontagestückzahl	103
6.2.2 Pauschale Bestimmung charakteristischer Zusatzmengen zusätzlich zu demontierender Erzeugnisse	103

6.2.3 Resultierende Veränderungen 105
 V_{DM}-abhängiger Kostenbestandteile
6.2.4 Anforderungsgerechte Ermittlung 106
 gesamtkostenoptimaler Zusatzmengen zu
 demontierender Erzeugnisse

6.3 Aufbau der Optimierungsalgorithmen 108

6.3.1 Quantifizierung von Mengenflüssen in 108
 Abhängigkeit von Bauteilezustandsquoten
6.3.2 Bauteilebezogene Ermittlung von 109
 Bereitstellungsmengen neuer, aufgearbeiteter
 und direkt wieder verwendeter Bauteile
6.3.3 Ermittlung zugehöriger Teilebereitstellungs- 113
 kosten durch Platzkostenrechnung
6.3.4 Ermittlung entsprechender Teilegewinnungs- 116
 und Erzeugnismontagekosten durch
 differenzierte Zuschlagskalkulation
6.3.5 Ermittlung der Herstellkosten und der
 Selbstkosten pro aufgearbeitetem Erzeugnis 117
6.3.6 Errechnung eines Gesamtoptimums für V_{DM} 119

6.4 Rechenprogramm RECOVERY 120

6.4.1 Aufbau und Inhalt des Rechenprogramms 121
6.4.2 Eingabegrößen 121
6.4.3 Ausgabegrößen 124
6.4.4 Betrieb des Rechenprogramms auf einer 126
 Rechenanlage des mittleren Leistungsbereichs
6.4.5 Betrieb des Rechenprogramms auf einem Rechner 127
 des Leistungsbereichs Personal Computer
6.4.6 Rechenergebnisse und ermittelte 127
 Verbesserungspotentiale
6.4.7 Weiterentwicklung des Programms für 128
 Optimierungsaufgaben höherer Ordnung
6.4.8 Grenzen logistischer Verbesserungsmöglich- 129
 keiten und ergänzende Verbesserungsansätze

7 Erarbeitung von Entscheidungskriterien und Planungs- 131
  instrumentarien zum Produktrecycling

7.1 Entscheidungsregeln zur Priorisierung sich 131
    ergänzender und sich ersetzender Verfahren des
    Produktrecycling

   7.1.1 Durch Produktrecycling rückgewinnbare Wert- 131
         schöpfung der Neuproduktion
   7.1.2 Einfluß der Anteile der Wertschöpfungs- 133
         bestandteile aus der Neuproduktion
   7.1.3 Einfluß des Recyclingaufwandes sowie der 134
         Innovation und der Abnutzung während der
         Produktnutzungszeit

7.2 Kriterien zur Ermittlung der Aufarbeitungs- 137
    würdigkeit von Produkten des Maschinenbaus

   7.2.1 Technische Kriterien 137
   7.2.2 Wirtschaftliche Kriterien 137
   7.2.3 Organisatorische Kriterien 138
   7.2.4 Marktkriterien 138
   7.2.5 Sonstige Kriterien 138

7.3 Instrumentarien zur Planung der Aufarbeitung von 138
    Produkten des Maschinenbaus

   7.3.1 Anlässe und Besonderheiten der Planungs- 138
         aufgabe
   7.3.2 Planung der Wechselwirkungen zwischen 140
         Neuproduktion und Aufarbeitung
   7.3.3 Bewertung begünstigender konstruktiver 144
         Maßnahmen

7.4 Zusammenführung der entwickelten Instrumentarien 146

8 Zusammenfassung und Ausblick 148

9 Schrifttumsverzeichnis 150

10 Anhang
   Dokumentation Rechenprogramm RECOVERY 159

   10.1 Eingabemasken 159

   10.2 Ausgabemasken 165

0 Abkürzungen und Formelzeichen

b	Anzahl Bauteile pro Erzeugnis
BABWK	Bestellabwicklungskosten
BFIXA	Bereichsfixkosten der Bauteileaufarbeitung
BFIXN	Bereichsfixkosten der Neuteilebeschaffung
BKAA	Beschaffungskosten pro Alterzeugnis im Austausch
BKAZ	Beschaffungskosten pro zusätzliches Alterzeugnis
DM	Deutsche Mark
EMFGZ	Erzeugnismontage - Fertigungsgemeinkostenzuschlag
EMLK	Erzeugnismontage-Lohnkosten
EMK	Erzeugnismontagekosten
EMMGZ	Erzeugnismontage - Materialgemeinkostenzuschlag
EMMK	Erzeugnismontage - Materialkosten
Erz	als Index: Erzeugnis
FKA	Fertigungslohnkosten der Aufarbeitung
FKTG	Fertigungslohnkosten der Teilegewinnung
FGZTG	Fertigungsgemeinkostenzuschlag der Teilegewinnung
G	Grundmenge (Losgröße) in Austauscherzeugnisfertigungen
G_{ges}	Gesamtmenge, die einen Prozeß durchläuft
HK	Herstellkosten
K_{Ei}	Kosteneinsparung durch Konstruktionsänderung
K_{Er}	Kostenerhöhung in der Neuproduktion
KAU	Kosten für aufgearbeitete Bauteile
KB	Kilobyte
Kfz	Kraftfahrzeug
KN	Kosten eines Neuteiles
KNT	Kosten für Neuteile
KS	Schrotterlös für ein Bauteil
KSE	Schrotterlös für nicht wiederverwendbare Bauteile
KW	Kilowatt
KWh	Kilowattstunde

l	Liter
m	Anzahl Nutzungsphasen eines Produkts
max	als Index: höchstzulässig
MGZTG	Materialgemeinkostenzuschlag der Teilegewinnung
MHTG	Material-/Hilfsstoffkosten in der Teilegewinnung
Mio	Millionen
MKA	Maschinenkosten in der Aufarbeitung
mm	Millimeter
Mrd	Milliarden
n	Anzahl ggf. rückgewinnbarer Bauteile pro Erzeugnis
Nm	Newtonmeter
opt	als Index: bestmöglich
PKW	Personenkraftwagen
Q_A	Quote nach Aufarbeitung wiederverwendbarer Bauteile
Q_S	Quote nicht wiederverwendbarer Bauteile
Q_W	Quote direkt wiederverwendbarer Bauteile
R_A	rezyklierte Stoffmenge am Ausgang eines Prozesses
R_E	rezyklierte Stoffmenge am Eingang eines Prozesses
RECOVERY	Rechenprogramm zur optimierten Verwendung rezyklierter Bauteile
RFZU	Restfertigungsgemeinkostenzuschlag der Bauteileaufarbeitung
RQ	Recyclingquote
RR	Rücklaufrate
RUESTA	Rüstkosten der Bauteileaufarbeitungsmaschinen
s	Anzahl grundsätzlich auszusondernder Bauteile pro Erzeugnis
SEK	Sondereinzelkosten
SW	Schlüsselweite

T	Bauteilflüsse in Austauscherzeugnisfertigungen
T_A	Anzahl aufzuarbeitender Bauteile
T_D	Anzahl zu demontierender Bauteile
T_M	Anzahl zu montierender Bauteile
T_N	Anzahl notwendiger Neuteile
T_P	Anzahl zu prüfender Bauteile
T_R	Anzahl zu reinigender Bauteile
T_S	Anzahl auszusondernder Bauteile
T_W	Anzahl direkt wiederverwendbarer Bauteile
TBK	Teilebereitstellungskosten
TGK	Teilegewinnungskosten
US	United States
U/min	Umdrehungen pro Minute
v	als Index: verwendbar
V_{DM}	Verhältnis demontierter Produkte zu montierten Produkten in der Austauscherzeugnisfertigung (Demontagestückzahl / Montagestückzahl)
V_{LZK}	Veränderung der Lebenszykluskosten
VVGZ	Verwaltungs- und Vertriebsgemeinkostenzuschlag
W	Watt
Z	Zusatzmenge zusätzlich demontierter Erzeugnisse
ü	als Index: überzählig

1 Aufgabenstellung und Ziele

1.1 Problemstellung

Recycling steht für das Bemühen, auch die mit industriellen Techniken geschaffenen Stoffflüsse nicht offen enden zu lassen, sondern in Kreisläufen zu schließen, so daß sie den Gesetzmäßigkeiten der Natur entsprechen, wo Lebenszyklen und Nahrungsketten stets Kreisläufe bilden und sich damit unter Energiezufuhr ständig selbst erneuern. Nicht nur ein gestiegenes ökologisches Bewußtsein, das auf verantwortungsvollen Umgang mit der Umwelt und mit der aus erschöpfbaren natürlichen Ressourcen industriell gewinnbaren Wertschöpfung abzielt, verleiht dem Recyclinggedanken einen zunehmend höheren Rang. Auch rein ökonomisch gesehen, erweist sich Recycling in immer zahlreicheren Anwendungen im Gesamtergebnis als vorteilhaft.

Erst der Abbau dieses vielerorts nur vermeintlichen Widerspruchs zwischen ökologischem und ökonomischem Denken und Handeln ermöglichte in jüngster Zeit der Recyclingidee ein rasches Vordringen in die Praxis.

Beschäftigt man sich mit Recycling im Maschinenbau und betrachtet man Produktion, Gebrauch und Entsorgung als Phasen im Lebenszyklus von Produkten des Maschinenbaus, so finden sich auch dort bereits heute zahlreiche Abläufe, Verfahren und Techniken, die als Recycling zu werten sind. Darüber hinaus zeigt sich, daß viele dieser Verfahren und Techniken, für sich allein betrachtet, schon seit Jahrzehnten bekannt sind. Nur ausgewählte Vorgehensweisen und besondere Hilfsmittel für bestimmte Recyclingaufgaben müssen neu geschaffen werden.

Daher sieht die sich gerade in jüngerer Zeit sehr lebhaft
entwickelnde wissenschaftliche Auseinandersetzung mit dem
Thema Recycling einen erfolgversprechenden Lösungsansatz
darin, zunächst eine möglichst wirkungsvolle Synthese schon
vorhandener Verfahren oder übertragbarer Erkenntnisse aus
verwandten Gebieten anzustrengen, und so nicht nur zu technisch und wirtschaftlich zweckmäßigen, sondern auch zu
rasch in die Praxis umsetzbaren Recyclingmöglichkeiten zu
gelangen. Zur Vervollständigung ist bei einem solchen Ansatz
dann nur dort mit Forschung und Entwicklung neu anzusetzen,
wo erkennbare Wissenslücken, Engpässe oder Schwachstellen
des Recycling beseitigt werden müssen.

Aufgabe der vorliegenden Arbeit ist es, mit Hilfe eines
solchen kombinierten Lösungsansatzes technisch und wirtschaftlich sinnvolle Verfahren für das Produktrecycling im
Maschinenbau zu entwickeln und voranzutreiben.

Selbst bei einer solchermaßen auf das Produktrecycling ein-
gegrenzten Aufgabenstellung erweist sich allerdings schon
die erforderliche Wissenssynthese sehr rasch als äußerst
aufwendig und komplex, da Erkenntnisse aus sehr verschiedenen
Wissensgebieten - hier aus der Fertigungstechnik, Verfahrenstechnik, Energietechnik, Konstruktionslehre, Volks- und
Betriebswirtschaftslehre - interdisziplinär zusammengeführt
und weiter entwickelt werden müssen.

Es gilt somit, einerseits die sechs vorstehend genannten,
das Produktrecycling im Maschinenbau prägenden Ingenieur-
und Wirtschaftswissenschaften geeignet zu verdichten,
andererseits aber auch die hierbei aufgedeckten, noch
bestehenden Wissenslücken zu schließen.

1.2 Zielsetzung

Ziel der Arbeit ist die Entwicklung von technisch und wirtschaftlich erfolgreichen Verfahren für das Produktrecycling im Maschinenbau.

Hierzu sind geeignete Produktrecyclingverfahren zu ermitteln, systematisch zu untersuchen und daraus fertigungstechnische, konstruktive, organisatorische und logistische Maßnahmen zu ihrer gezielten Verbesserung und Weiterentwicklung abzuleiten und zu verfolgen.

Mit den dabei zu erarbeitenden Methoden und Hilfsmitteln sind einerseits Wege zur technisch/wirtschaftlichen Optimierung des derzeit betriebenen Produktrecycling im Maschinenbau aufzuzeigen; andererseits ist auch eine methodische Unterstützung bei der Entscheidungsfindung und Planung des zukünftigen Produktrecycling im Maschinenbau zu schaffen.

Im Vordergrund soll hierbei das als industrielle Aufarbeitung von Produkten definierte, meist als Austauscherzeugnisfertigung in Serie praktizierte Produktrecycling stehen, das eine Werkstückrückgewinnung durch fertigungstechnische Prozesse ermöglicht und mit der Instandhaltung verwandt ist. Dort wo es unmittelbar betroffen oder am Ergebnis beteiligt ist, soll jedoch auch das als Aufbereitung definierte Produktrecycling, das eine Werkstoffrückgewinnung in verfahrenstechnischen Prozessen ermöglicht, mit einbezogen werden.

1.3 Vorgehensweise

Zur Erreichung der genannten Ziele wurde zur Präzisierung der Aufgabenstellung zunächst in Kapitel 2 ein Abgleich des Standes der Erkenntnisse mit direkt berührten und verwandten Wissensgebieten des Maschinenbaus durchgeführt. Dies führte zur Definition des Begriffs Produktrecycling in Kapitel 3.

Sodann wurde in Kapitel 3 eine umfassende Situationsanalyse des Produktrecycling durch Aufarbeiten in industriellen Austauscherzeugnisfertigungen durchgeführt. Die hierbei aufgedeckten Wissenslücken, Engpässe und Schwachstellen wurden als vier vordringliche Forschungs- und Entwicklungsaufgaben zum Produktrecycling im Maschinenbau formuliert.

Diese Forschungs- und Entwicklungsaufgaben wurden dann in den Kapiteln 4 bis 7 als vier sich ergänzende Arbeitsschwerpunkte einer Lösung zugeführt:

- Schließung fertigungs- und automatisierungstechnischer Lücken:
  Eine Analyse der bekannten Technologien und Einrichtungen zum Produktrecycling zeigte, daß vor allem für eine Automatisierung der Demontage, einem sehr arbeitsintensiven Schritt bei der Aufarbeitung, noch Lösungen fehlen. Hierfür wurden daher als erster Arbeitsschwerpunkt (Kapitel 4) Kriterien für eine Automatisierbarkeit der Demontage erarbeitet und eine flexibel automatisierte Demontagezelle für ausgewählte Erzeugnisse konzipiert.

- Schließung konstruktiver Lücken:
  Bei der Untersuchung der fünf Fertigungsschritte Demontage, Reinigung, Prüfung, Bauteileaufarbeitung, Montage beim Produktrecycling durch industrielles Aufarbeiten wurden zahlreiche konstruktionsbedingte Hemmnisse gefunden. Zu ihrer Überwindung wurden im zweiten Arbeitsschwerpunkt (Kapitel 5) Gestaltungsregeln und Maßnahmen zur recyclingorientierten Produktgestaltung erarbeitet, auf die untersuchten Austauscherzeugnisfertigungen angewandt und mit Gestaltungsbeispielen zu sämtlichen ermittelten Schwachstellen vertieft.

- Schließung organisatorischer und logistischer Lücken:
  Die entsprechend der Zielsetzung hauptsächlich untersuchte industrielle Aufarbeitung von Produkten in Aus-

tauscherzeugnisfertigungen wies zum einen einige auch aus der Neuproduktion bekannte Eigenschaften und Probleme von Klein- und Mittelserienfertigungen auf. Zum anderen zeigte sich jedoch, daß die von den defekten Erzeugnissen herrührenden, qualitativen und quantitativen Schwankungen auf der Eingangsseite solcher Fertigungen zu einigen zusätzlichen stochastischen und deterministischen Größen führen. Diese Größen stellen das Planen und Betreiben von Austauscherzeugnisfertigungen vor zusätzliche, in der Neuproduktion unbekannte und bisher nicht befriedigend gelöste organisatorische, logistische und kostenrechnerische Aufgaben.

Nicht nur zur Lösung dieser Aufgaben, sondern darüber hinaus zu ihrer Nutzung als Rationalisierungspotential in Austauscherzeugnisfertigungen, das bislang kaum erschlossen werden konnte, wurde daher als dritter und wichtigster Arbeitsschwerpunkt (Kapitel 6) ein rechnergestütztes Verfahren zur Aufwand-/Nutzenoptimierung in Austauscherzeugnisfertigungen entwickelt und erprobt.

- Schließung von Planungs- und Entscheidungslücken:
Verschiedene in Planungsabläufen für die Neuproduktion ebenfalls nicht auftretende Aufgaben bei der Planung von Produktprogrammen und Produktionsstätten zum Produktrecycling verlangen nach weiterentwickelten Planungsmethoden und Entscheidungstechniken für Auswahl und Gestaltung technisch und wirtschaftlich erfolgreicher Recyclingverfahren. Hierfür wurden im vierten Arbeitsschwerpunkt (Kapitel 7) Entscheidungsregeln und Planungsinstrumentarien entwickelt, die eine Quantifizierung auch schwer überschaubarer Zusammenhänge, insbesondere für Fragestellungen des Produktrecycling als Bestandteil unternehmerischen Handelns, ermöglichen.

Die erarbeiteten Ergebnisse zu sämtlichen vier Arbeitsschwerpunkten wurden anhand von Fallstudien aus der industriellen Aufarbeitungspraxis belegt.

2 Stand der Erkenntnisse

Recycling wird als eines der Grundprinzipien zukünftigen Wirtschaftens vermehrt an Bedeutung gewinnen - dies darf als belegt angesehen werden, auch wenn eine allgemein anerkannte, einheitliche Definition für Recycling bisher noch fehlt. Der sehr weit gespannte Begriff beinhaltet das Rezyklieren von Stoffen aus festen, flüssigen und gasförmigen Aggregatzuständen. Entsprechend groß ist auch das Spektrum der zur Anwendung kommenden physikalischen, chemischen und biologischen Gesetzmäßigkeiten und die Nutzbarkeit von Erkenntnissen aus bereits überaus traditionsreichen Naturwissenschaften für Fragestellungen des Recycling. Dennoch ist die Aufgabenstellung Recycling für einige Ingenieurwissenschaften ein vergleichsweise junges Thema:

Eine eingehende wissenschaftliche Auseinandersetzung mit Fragestellungen des **Recycling im Maschinenbau** ist erst seit etwa einem Jahrzehnt zu beobachten. Sie konzentrierte sich im In- und Ausland zunächst auf eine kritische Bestandsaufnahme und Standortbestimmung. Hier sind unter anderem die bei Jetter /1/, Keller /2/, und Overby /3/ ausführlich beschriebenen, auch für den Maschinenbau einsetzbaren Recyclingverfahren, insbesondere aber auch die Forschungsarbeiten zum Recycling im Automobilbau /4/ zu nennen, denen Arbeiten zu ausgewählten Recyclingverfahren im Automobilbau und Maschinenbau folgten:

Aus der Sicht der **Konstruktionstechnik** leisteten hierbei Braess /5/, Wutz /6/, Meyer und Beitz /7/, Jorden und Weege /8/, Schmitt-Thomas, Johner und Weber /9/ wichtige Beiträge für das Recycling im Maschinenbau. Weege /10/ erarbeitete Regeln zur grundsätzlichen Begünstigung des Recycling beim Konstruktionsprozeß, Meyer /11/ konzentrierte sich auf die recyclinggerechte Werkstoffwahl und Werkstoffkombination und schuf Werkstoffverträglichkeitstabellen für das Recycling. Gehrmann /12/ gab Konstruktionsregeln für die recyclinggerechte Gestaltung niederwertiger techischer Gebrauchsgüter an.

Die **Verfahrenstechnik** leistete Beiträge zum Recycling im
Maschinenbau durch Bemühungen zur Steigerung des Schrott-
einsatzes in der Hüttenindustrie, insbesondere bei der
Stahlerzeugung /13/, /14/.

Arbeiten der **Volks- und Betriebswirtschaftslehre** zur Modell-
bildung und Optimierung von Recyclingsystemen /15/ zeigten
dagegen bisher keinen oder nur untergeordneten Bezug zum
Maschinenbau. Auch das bei Russell /16/ diskutierte "Life-
Cycle-Costing" befaßte sich vorwiegend mit der Haus- und
Gewerbeabfallentsorgung und stellte hierbei den Aspekt der
Energietechnik beim Recycling in den Vordergrund.

Weitere Arbeiten zum Recycling im Maschinenbau aus der
Sicht der **Fertigungstechnik** wurden bisher keine bekannt.

Diese werden auch erst dann eigenständig und zielgerichtet
möglich, wenn eine dieser Arbeit zugrunde gelegte Aufgliederung des Recycling im Maschinenbau in **Produktrecycling**
und **Materialrecycling** geschaffen wird, die in der Literatur
bisher nur vereinzelt anzutreffen ist und bisher noch nicht
eindeutig definiert wurde. Wie zu zeigen sein wird, läßt
sich eine solche Aufgliederung und eine gesonderte, vertie-
fende Betrachtung des **Produktrecycling** jedoch zum einen
vorteilhaft anschließen an bereits als VDI-Richtlinie /17/
vorliegende Arbeiten zur begrifflichen Gliederung des Recycling im Maschinenbau, an der auch der Verfasser mitgear-
beitet hat. Zum anderen kann hierbei auch ein bisher fehlender, klarer Bezug zu den als DIN-Norm /18/ vorliegenden
Arbeiten zur begrifflichen Gliederung der mit dem Recycling
verwandten Instandhaltung geschaffen werden. Die nachstehend
erläuterten, in der genannten VDI-Richtlinie definierten
Begriffe basieren auf einer Einteilung des Recycling in
Kreislaufarten, Behandlungsprozesse und Formen des Recycling:

2.1 Recyclingkreislaufarten im Lebenszyklus eines Erzeugnisses

Im Lebenszyklus von Erzeugnissen des Maschinenbaus, für den im klassischen Fall die drei Phasen

- industrielle Produktion,
- gewerblicher oder privater Gebrauch
- Entsorgung

kennzeichnend sind, setzen drei diesen Phasen zugeordnete Recycling-Kreislaufarten an:

- Produktionsabfallrecycling
- Recycling während des Produktgebrauchs
- Altstoffrecycling.

Bild 1 zeigt die diesen drei Phasen zugeordneten Recycling-Kreislaufarten. Deutlich erkennbar wird dabei auch die Möglichkeit zur erheblichen Verminderung des offen endenden Stoffflusses bei konsequentem Recycling in allen drei genannten Kreislaufarten.

Diese sollen nachfolgend hinsichtlich Definition, Stand im Maschinenbau und wirtschaftlicher Bedeutung kurz erläutert werden.

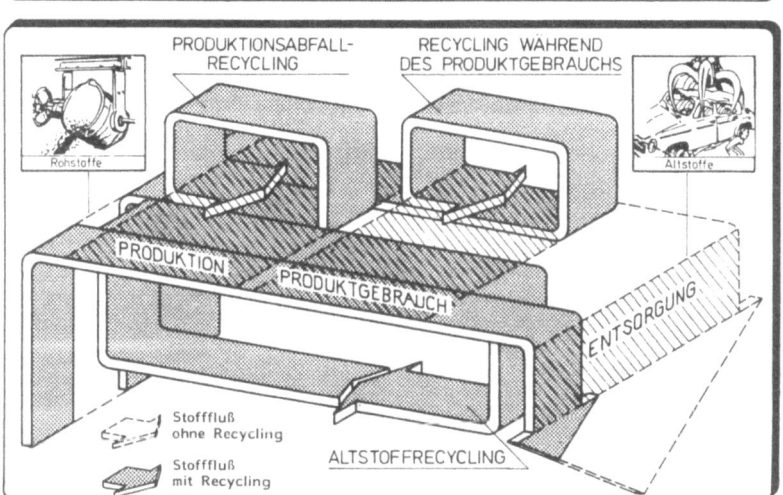

Bild 1

2.1.1 Produktionsabfallrecycling

Definition: Das während der industriellen Produktion ansetzende Produktionsabfallrecycling ist nach /17/ definiert als "die Rückführung von Produktionsabfällen nach oder ohne Durchlauf eines Behandlungsprozesses - d.h. Aufbereitungsprozesses - in einen neuen Produktionsprozeß".

Stand im Maschinenbau: Nicht nur in der rohstofferzeugenden Industrie, die Angüsse, Walzenden, Besäumstreifen etc. seit jeher als "Kreislaufschrott" kennt, auch in der verarbeitenden Industrie und im Maschinenbau wird das Recycling von Produktionsabfällen, für das Bild 2 Beispiele zeigt, im Bereich der Metalle bereits konsequent verfolgt.

Wirtschaftliche Bedeutung: Das in Bild 2 gezeigte Aufbereiten und Verwerten von Produktionsabfällen durch Zerkleinern, Verdichten und Wiedereinschmelzen von Spänen, Stanzabfällen, Brennmatten etc., aber auch durch Nachwalzen und nochmaliges Ausstanzen von Kleinteilen aus Blechabfällen führt zu Einsparungen des Materialverbrauchs für die Produktion. Diese

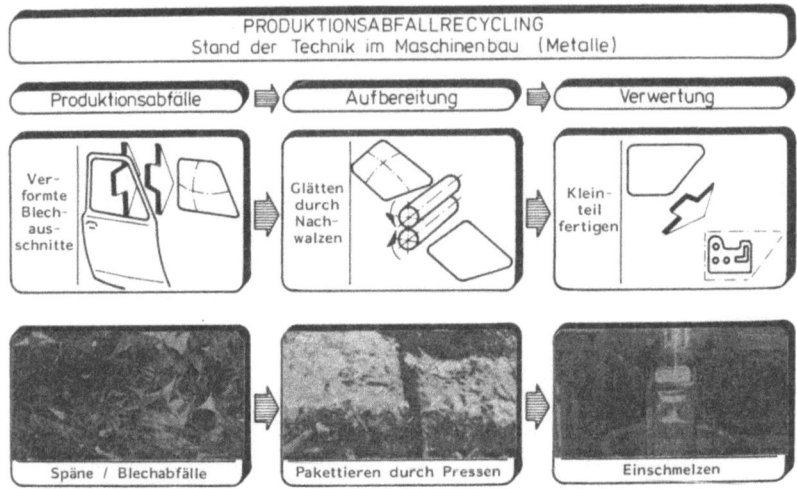

Bild 2

Einsparungen erreichen Größenordnungen von bis zu 10 % /19/. Neben wirtschaftlichen Anreizen führten auch gesetzliche Bestimmungen zur Abfallentsorgung nach dem Verursacherprinzip zu einem heute bereits hohen Entwicklungsstand des Produktionsabfallrecycling im Maschinenbau.

2.1.2   Recycling während des Produktgebrauchs

Definition: Das während des gewerblichen oder privaten Gebrauchs ansetzende Recycling während des Produktgebrauchs ist nach /17/ definiert als "unter Nutzung der Produktgestalt die Rückführung von gebrauchten Produkten nach oder ohne Durchlauf eines Behandlungsprozesses - z.B. Aufarbeitungsprozesses - in ein neues Gebrauchsstadium".

Stand im Maschinenbau: Das Recycling während des Produktgebrauchs wird im Maschinenbau als sogenannte Austauscherzeugnisfertigung mit den fünf Fertigungsschritten Demontage, Reinigung, Prüfung und Sortieren, Bauteileaufarbeitung bzw. -ersatz, Wiedermontage betrieben. Bekanntestes Beispiel ist der Kfz-Austauschmotor, das Endprodukt der industriellen

Aufarbeitung in Serie, die inzwischen auch Eingang in weitere Branchen fand, Bild 3.

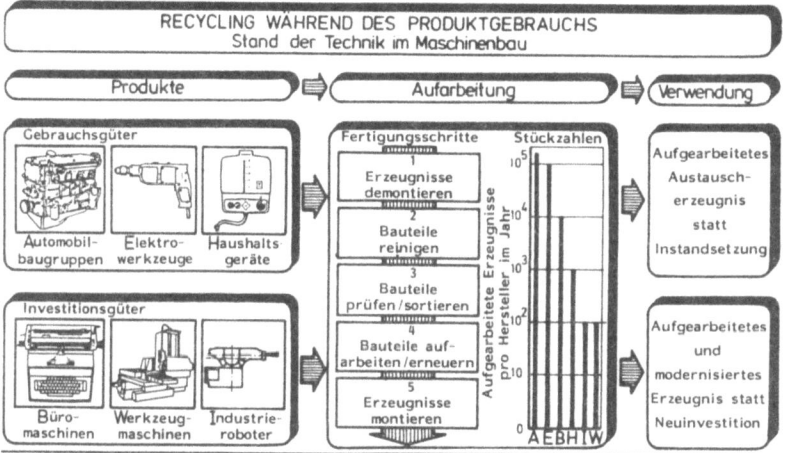

Bild 3

Wirtschaftliche Bedeutung: Im Kfz-Bereich erreichen die von einigen Herstellern erreichten Stückzahlen aufgearbeiteter Produkte bereits 10 % der Neuproduktion /20/. Auch verschiedene Gebrauchsgüter, im Inland z.B. bestimmte Haushaltsgeräte wie Elektrorasierer oder Warmwasserbereiter, alle Arten von Elektrowerkzeugen für den Heimwerker- und Gewerbebedarf, sowie Investitionsgüter, z.B. Büromaschinen wie Schreibmaschinen und Kopiergeräte usw.; im Ausland auch weitere Gebrauchsgüter wie Kühlaggregate, Sofortbildkameras oder Benzinrasenmäher; Investitionsgüter, z.B. Industrieroboter, Warenautomaten für Zigaretten, Getränke, usw. und zahlreiche weitere Produkte werden bereits in großen Stückzahlen aufgearbeitet /21/. Die Beschäftigtenzahl dieses meist unterschätzten, da weitgehend ein Schattendasein führenden Wirtschaftszweiges beläuft sich im Inland auf etwa 10.000 /22/, /23/, weltweit auf etwa 200.000 Beschäftigte /24/.

Besonderheiten: Außerhalb des Kfz-Bereichs können auch erfolgreich betriebene Austauscherzeugnisfertigungen nicht den

Anspruch erheben, "typisch" für eine bestimmte Branche zu sein. In ein und derselben Branche, beispielsweise bei Industrierobotern, gibt es sowohl Hersteller, die keine Aufarbeitung betreiben als auch Hersteller, deren Stückzahlen aufgearbeiteter Industrieroboter bereits das zweieinhalbfache der im gleichen Zeitraum neu hergestellten Industrieroboter betragen /25/.

2.1.3 Altstoffrecycling

Definition: Das nach Produktgebrauch ansetzende Altstoffrecycling ist nach /17/ definiert als "die Rückführung von verbrauchten Produkten bzw. Altstoffen nach oder ohne Durchlauf eines Behandlungsprozesses - d.h. Aufbereitungsprozesses - in einen neuen Produktionsprozeß".
Stand im Maschinenbau: Bei den vorwiegend metallischen Altstoffen aus dem Maschinenbau hat hier das Schrottrecycling Tradition, dessen Verfahren in jüngerer Zeit stark rationalisiert und verfeinert wurden, Bild 4.

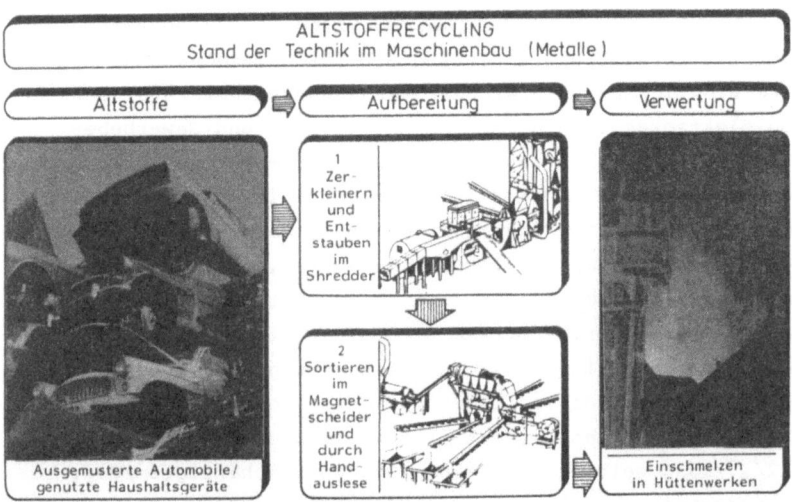

Bild 4

Zur Massenschrottverarbeitung ist die Shredderanlage Stand der Technik. In einer Hammermühle (Shredder) mit einer Antriebsleistung von 2000 bis 3000 KW werden hier beispielsweise vollständige PKW zunächst in etwa faustgroße Stücke zerkleinert. Nachfolgend werden Windsichtanlagen, Magnetscheider, Schwimm-/ Sinkanlagen, sowie in großem Umfang auch Handauslese zur Sortierung von Nichtmetallen, Eisen/Stahl, Leicht-und Buntmetallen eingesetzt.

Wirtschaftliche Bedeutung: Die Praxis zeigt, daß auch das Altstoffrecycling im Maschinenbau als Schrottaufbereitung bereits einen eigenen Wirtschaftszweig mit erheblicher Bedeutung verkörpert. Bei einem Durchsatz von bis zu 3 PKW pro Minute muß zu den jährlich im Inland anfallenden rund 2 Mio Alt-PKW meist noch zusätzlich Schrott importiert werden, um die etwa 30 im Inland betriebenen Shredderanlagen auszulasten.
Besonderheiten: Shredderanlagen zum Altstoffrecycling sind überwiegend auf Stahlschrottausbringung optimiert. Die erzielbare Reinheit der Fraktionen unterschiedlicher Metalle und Nichtmetalle wird vielfach als noch nicht zufriedenstellend angesehen.

2.2 Recycling-Behandlungsprozesse

Die einen der erläuterten Recycling-Kreisläufe bildenden Produktionsabfälle, Produkte oder Altstoffe können meist nicht direkt zurückgeführt werden, sondern müssen in der Regel einen geeigneten **Behandlungsprozeß** durchlaufen. Bisher sind nach /17/ die Aufbereitung und die Aufarbeitung als solche Recycling-Behandlungsprozesse definiert.

2.2.1 Aufbereitung zur Werkstoffrückgewinnung

Die **Aufbereitung** ist nach /17/ als Behandlungsprozeß beim Produktionsabfallrecycling und beim Altstoffrecycling definiert. Sie dient meist zur Vorbereitung für die eigentliche metallurgische oder sonstige Verwertung und beinhaltet im Maschinenbau z.B. aufeinanderfolgende Verfahren zum

Zerkleinern, Sieben, Magnetseparieren, Pressen, usw. Aufbereitungsprozesse sind somit in der Regel **verfahrenstechnische** Prozesse und dienen der **Werkstoffrückgewinnung**.

2.2.2 Aufarbeitung zur Werkstückrückgewinnung

Die **Aufarbeitung** ist nach /17/ als der "vorherrschende" Behandlungsprozeß beim Recycling während des Produktgebrauchs definiert. Sie dient der Wahrung oder Wiederherstellung der Produktgestalt und der Produkteigenschaften für eine erneute Verwendung und besteht im Maschinenbau z.B. aus den fünf Fertigungsschritten der Austauscherzeugnisfertigung. Aufarbeitungsprozesse sind in der Regel **fertigungstechnische** Prozesse und dienen der **Werkstückrückgewinnung**.

Hierbei treten **Aufarbeitungsprozesse** auch **ineinander verschachtelt** auf: Die als **Aufarbeitung vollständiger Produkte** zu wertende Austauscherzeugnisfertigung enthält nach Demontage, Reinigung, Prüfung als vierten Fertigungsschritt die **Aufarbeitung von Bauteilen**, z.B. durch Nachbearbeiten, Auftragsschweißen, Richten usw. vor der Wiedermontage. Um hier Mißverständnissen vorzubeugen, wird die Aufarbeitung vollständiger Produkte in Serie nachfolgend meist nur noch als Austauscherzeugnisfertigung angesprochen.

2.2.3 Gekoppelte und verwandte Prozesse

Recyclingkreisläufe im Maschinenbau kommen in aller Regel nicht durch einen Behandlungsprozeß allein zustande. So fallen etwa beim Recycling durch Aufarbeiten in Austauscherzeugnisfertigungen stets auch Produktbauteile an, die nicht mehr aufarbeitungsfähig oder wiederverwendungsfähig sind und daher als Koppelprodukte der **werkstückrückgewinnenden Aufarbeitung** nur durch **werkstoffrückgewinnende Aufbereitung** rezykliert werden können. Unterschiedliche Recycling-Behandlungsprozesse sind somit häufig miteinander gekoppelt.

Daneben bestehen zahlreiche Überschneidungen und fließende
Übergänge zwischen der nach /17/ als Recycling definierten
Aufarbeitung einerseits und der nach DIN 31051 /18/ als Teil
der Instandhaltung definierten Instandsetzung andererseits.
Nicht nur die in /18/ als "Maßnahmen zur Wiederherstellung
des Sollzustandes" definierte Instandsetzung, sondern auch
einige weitere, im Sprachgebrauch häufig anzutreffende,
bisher nicht eindeutig definierte Begriffe wie "Generalüberholung", "Grunderneuerung" /26/, usw. machen deutlich,
daß zusätzlich zu definierten Behandlungsprozessen des
Recycling im Grenzbereich zwischen Recycling und Instandhaltung auch der Aufarbeitung eigentlich gleichzustellende
Behandlungsprozesse anzutreffen sind, die bei einer Beschäftigung mit dem Produktrecycling im Maschinenbau nicht
vernachlässigt werden können.
In zahlreichen früheren Arbeiten (/4/, /10/, /11/, /17/,
/20/) wurde auf diese Verwandtschaft zwischen Recycling und
Instandhaltung hingewiesen. In /11/ wurde die Ausgliederung
der Instandhaltungsmaßnahme Instandsetzung aus dem Recycling
vorgeschlagen. Dies setzte sich jedoch nicht durch.

Bei der Einteilung des Recycling in unterschiedliche Behandlungsprozesse ist somit festzuhalten, daß **tatsächliche
Recyclingkreisläufe** im Maschinenbau nur unter Beachtung **gekoppelter** unterschiedlicher Behandlungsprozesse und bei Berücksichtigung oder Einbeziehung **verwandter** Behandlungsprozesse vollständig beschrieben werden können.

2.3 Recyclingformen

Als dritte Einteilungsmöglichkeit des Recycling nach /17/
sind in jeder Kreislaufart und nach unterschiedlichen Behandlungsprozessen verschiedene **Recyclingformen** vorzufinden.
Grundsätzlich wird zwischen den beiden Recyclingformen **Verwertung** und **Verwendung** unterschieden. Darüber hinaus wird
nach /17/ noch nach Wieder- und Weiterverwertung sowie
Wieder- und Weiterverwendung weiter unterteilt:

2.3.1 Wieder- und Weiterverwertung

Die **Verwertung** löst die Produktgestalt auf und **folgt auf** Aufbereitungsprozesse zur **Werkstoffrückgewinnung.** Je nachdem, ob bei der Verwertung eine gleichartige oder eine andere Produktion als ursprünglich durchlaufen wird, unterscheidet man zwischen Wieder- und Weiterverwertung.

2.3.2 Wieder- und Weiterverwendung

Die **Verwendung** ist durch die weitgehende Beibehaltung der Produktgestalt gekennzeichnet und **folgt auf** Aufbereitungsprozesse zur **Werkstückrückgewinnung.** Je nachdem, ob bei der erneuten Verwendung ein Produkt die gleiche oder eine andere Funktion als ursprünglich erfüllt, unterscheidet man zwischen Wieder- und Weiterverwendung.

2.3.3 Mischformen

Aus der im Abschnitt Recycling-Behandlungsprozesse bereits beschriebenen und im Maschinenbau vorherrschenden Kopplung unterschiedlicher Behandlungsprozesse wie Aufbereitung und Aufarbeitung in einem Recyclingkreislauf folgt direkt, daß solche Recyclingkreisläufe auch nur bei einer Kombination der unterschiedlichen Recyclingformen Verwertung und Verwendung vollständig beschrieben werden können.

Darüber hinaus bestehen auch nach Durchlauf eines bestimmten Behandlungsprozesses meist noch Verzweigungen der Stoffflüsse für unterschiedliche Verwertungs- und Verwendungszwecke. Insbesondere das Altstoffrecycling zeigt mannigfache Abstufungen der Wieder- und Weiterverwertung rezyklierter Altstoffe.

Somit ist auch bei der Einteilung des Recycling in unterschiedlichen Recyclingformen gleichfalls festzuhalten, daß tatsächliche Recyclingkreisläufe im Maschinenbau meist nur als Mischformen der in /17/ definierten Recyclingformen zutreffend abgebildet werden können.

2.4 Quantifizierung von Recycling-Kreisläufen

Neben den vorstehend beschriebenen Arbeiten zur Gliederung und qualitativen Beschreibung von Recyclingkreisläufen finden auch zwei unterschiedliche Kennwerte zur quantitativen Erfassung der durch geeignete Behandlungsprozesse in den einzelnen Kreislaufarten rezyklierten Stoffmengen Verwendung. Diese häufig verwechselten Kennwerte werden als **Rücklaufrate** und als **Recyclingquote** angegeben.
Beide Kennwerte geben den Anteil rezyklierter Stoffmengen bezogen auf einen zugrundegelegten Produktions-, Gebrauchs- oder Entsorgungsprozeß an. Je nachdem, ob die in einem Prozeß entstandenen oder die in einen Prozeß wieder eingeschleusten Mengenanteile betrachtet werden, ergibt die Rücklaufrate somit einen **ausgangsseitigen**, die Recyclingquote einen **eingangsseitigen** Kennwert.

2.4.1 Rücklaufrate von Stoffen und Erzeugnissen

Die Rücklaufrate wird angegeben als

$$RR = \frac{\text{Rezyklierte Menge } R_A}{\text{Gesamtmenge } G_{ges}} \cdot 100 \, \% \text{ am } \underline{A}\text{usgang eines Prozesses}$$

Bild 5 veranschaulicht die Ermittlung des Kennwertes für die Rücklaufrate und gibt Rücklaufraten von Kupfer und Aluminium aus Gebrauchsprozessen unterschiedlicher Produktgruppen des Maschinenbaus an /27/.

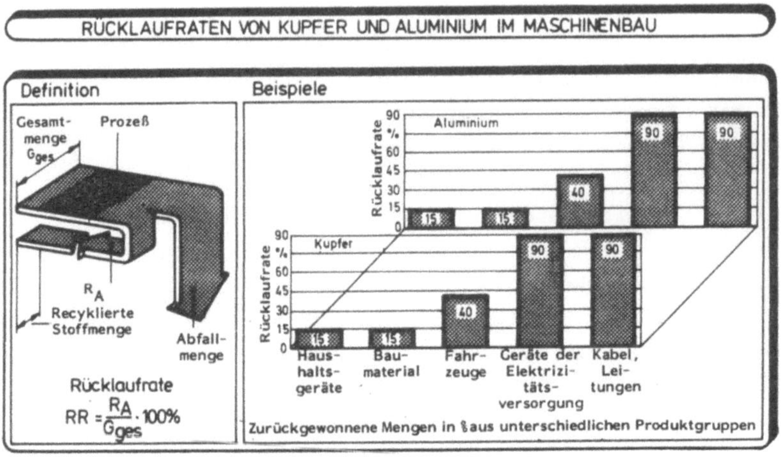
RÜCKLAUFRATEN VON KUPFER UND ALUMINIUM IM MASCHINENBAU
Definition
Gesamt-menge G_ges
Prozeß
R_A
Recyklierte Stoffmenge
Abfall-menge
Rücklaufrate
RR = R_A / G_ges · 100%
Beispiele
Aluminium
Kupfer
Rücklaufrate
90 %/ 60 45 30 15 0
15
15
40
90
90
Haus-halts-geräte
Bau-material
Fahr-zeuge
Geräte der Elektrizi-täts-versorgung
Kabel, Lei-tungen
Zurückgewonnene Mengen in % aus unterschiedlichen Produktgruppen

Bild 5

Die in Bild 5 gezeigten Produktbeispiele machen deutlich, daß die erzielbare **Rücklaufrate** vorwiegend **organisatorisch bedingte Obergrenzen** hat. "Verstreut" anfallende Stoffe erzielen nur geringe Rücklaufraten. Als Extrembeispiel für rücklaufungünstige Einsatzbedingungen von Maschinenbauteilen können Bremsbeläge genannt werden, für deren Abrieb die Rücklaufrate derzeit mit Null angegeben werden muß.

2.4.2 Recyclingquote von Stoffen und Erzeugnissen

Die Recyclingquote wird angegeben als:

$$RQ = \frac{\text{Rezyklierte Menge } R_E}{\text{Gesamtmenge } G_{ges}} \cdot 100\ \%\ \text{am Eingang eines Prozesses}$$

Bild 6 veranschaulicht die Ermittlung des Kennwertes für die Recyclingquote und gibt Recyclingquoten des im Maschinenbau vorherrschenden Werkstoffs Stahl in unterschiedlichen Produktionsprozessen zur Rohstahlerzeugung an /28/.

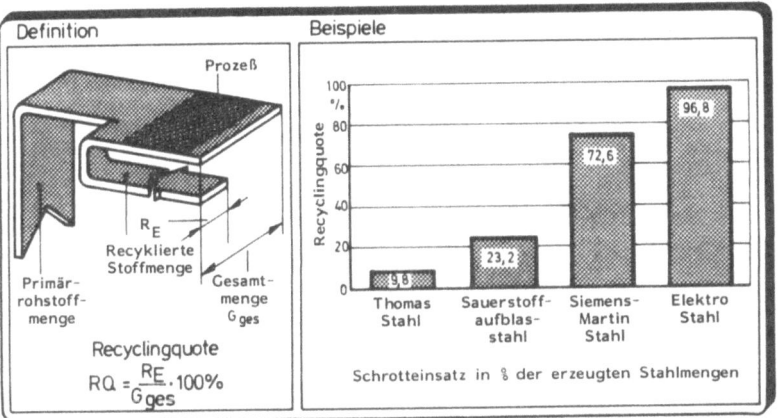

Bild 6

Die in Bild 6 gezeigten Beispiele machen deutlich, daß die erzielbare **Recyclingquote** bei ausreichender Verfügbarkeit rezyklierbarer Stoffe oder Erzeugnisse vorwiegend **technologisch bedingte Obergrenzen** hat. Bestimmte Produktionsprozesse ermöglichen aus technischen oder wirtschaftlichen Gründen nur geringe Recyclingquoten.

Der sich bei hohen Rücklaufraten und niedrigen Recyclingquoten als denkbar ergebende Überhang an zu rezyklierenden Stoffen oder Erzeugnissen konnte im Maschinenbau bisher in aller Regel kompensiert werden - einerseits durch ein Mengenwachstum in den auf einen Rücklauf folgenden Produktionsprozessen, andererseits durch die Entwicklung von Produktionsprozessen, die höhere Recyclingquoten ermöglichen. Außerhalb des Maschinenbaus, bei vergleichsweise niedriger wertigen Stoffen wie etwa Altglas und Altpapier, führten die Grenzen der Recyclingquoten in allerjüngster Zeit jedoch auch schon zu Sättigungserscheinungen mit bremsenden Effekten für den Rücklauf solcher Stoffe /29/, /30/.

2.4.3 Bewertung der Energieeinsparung

Neben der Bildung mengenbezogener Kennwerte wie Rücklaufrate und Recyclingquote, wird häufig auch noch die Bewertung einer Energieeinsparung durch Recycling herangezogen, um Recyclingkreisläufe quantitativ zu beurteilen. Bild 7 zeigt als Beispiel die Energieeinsparung für die Aufbereitung und die Aufarbeitung von Produkten des Maschinenbaus im Vergleich zur jeweiligen Neuproduktion /31/, /32/, /33/.

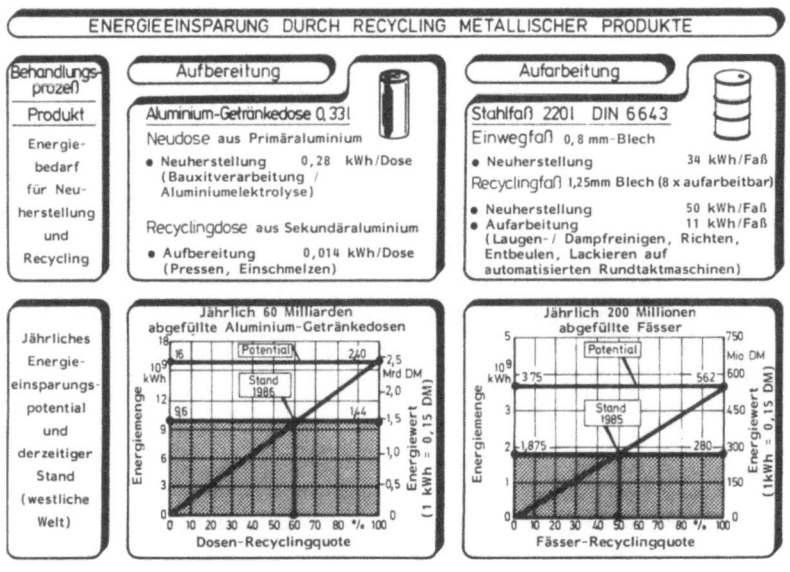

Bild 7

Wie aus Bild 7 ersichtlich, lassen sich nur für Einstoff-Produkte und abgeschlossene Prozesse exakte Kennzahlen ermitteln. Die vergleichende Energiebedarfsrechnung bei gekoppelten Prozessen oder Mischformen des Recycling wie auch die Berücksichtigung des Energieeinsatzes für den Sammel- und Transportaufwand zum Rücklauf kann nur näherungsweise erfolgen. Dennoch zeigen schon die in Bild 7 gezeigten einfachen Beispiele zur erzielbaren Energieeinsparung, daß die durch Recycling im Maschinenbau insgesamt erzielbaren Energieeinsparungen bereits heute schon volkswirtschaftlich bedeutsame Größenordnungen erreichen, wie es auch einzelne bekanntgewordene Berechnungen vermuten /34/.

Für freie Energie selbst ist kein Recycling möglich - sie wird bei den durch sie betriebenen Prozessen endgültig entwertet.

2.5 Anwendbarkeit der Erkenntnisse

Die noch junge wissenschaftliche Auseinandersetzung mit Fragestellungen des Recycling im Maschinenbau und die erarbeiteten Gliederungen haben einen Stand erreicht, der eine vertiefte Beschäftigung mit einzelnen Themen und Aufgabenstellungen, die auf ein Vorantreiben bestimmter Recyclingkreisläufe im Maschinenbau abzielen, ermöglicht und erleichtert.

Ordnet man die bis heute bekanntgewordenen Arbeiten und Erkenntnisse den definierten Recycling-Kreislaufarten, Behandlungsprozessen und Formen des Recycling zu, so läßt sich allerdings feststellen, daß die genannte vertiefte und zielgerichtete Beschäftigung mit Einzelthemen bisher nur für ein Vorantreiben des Behandlungsprozesses **Aufbereitung zur Werkstoffrückgewinnung** im Maschinenbau schon zu greifbaren Erkenntnissen geführt hat: Die hier bekanntgewordenen, schon genannten Arbeiten lassen bereits erste Aussagen zu, in welchen Ausprägungen und Größenordnungen bestimmte Kreisläufe zur Aufbereitung im Maschinenbau als technisch und wirtschaftlich erfolgreich anzusehen sind und welche konstruktiven, (verfahrens-)technischen und organisatorischen Maßnahmen zu ihrer Begünstigung denkbar und durchführbar sind.

Für den Behandlungsprozeß Aufarbeitung zur Werkstückrückgewinnung im Maschinenbau fehlen solche Aussagen noch nahezu völlig. Mit Ausnahme der zu Beginn dieses Kapitels genannten Arbeiten aus der Konstruktionstechnik zeigen die wenigen bisher bekanntgewordenen Untersuchungen von Abläufen zur Aufarbeitung im Maschinenbau lediglich einen beschreibenden oder bedingt analytischen Charakter /35/. Fertigungstechnische, organisatorische und logistische Maßnahmen zur Begünstigung der Aufarbeitung wurden bisher an keiner Stelle in methodischer Weise erarbeitet oder verfolgt.

Darüber hinaus fehlt es sowohl an Erkenntnissen zu Wechselwirkungen zwischen Neuproduktion und Recycling einerseits als auch an einer ausreichenden Berücksichtigung des technischen und wirtschaftlichen Zusammenwirkens bzw. Konkurrierens unterschiedlicher Recyclingbehandlungsprozesse und Recyclingformen andererseits. Wo diese bisher zu sehr voneinander isoliert betrachtet wurden, müssen sie durch Schaffung des Begriffs Produktrecycling zusammengeführt werden.

Hieraus ergibt sich ein großer Nachholbedarf an Forschungsarbeiten zum Produktrecycling im Maschinenbau, der somit einen Anlaß für die vorliegende Arbeit schuf.

3 Produktrecycling

3.1 Begriffliche Klärung

3.1.1 Definition und Begründung

Produktrecycling wird definiert als Zusammenfassung der zur Anwendung kommenden Recyclingverfahren zur Werkstückrückgewinnung und Werkstoffrückgewinnung aus genutzten Produkten. Eine **Nutzungsphase** ist hierbei ein wiederholbarer **Bestandteil** des in /17/ definierten **Produktgebrauchs**, Bild 8.

Drei Ursachen können das Ausscheiden eines Produkts aus einer Nutzungsphase als Anstösse zum Produktrecycling bewirken:
- Unterbrechung einer Nutzungsphase durch Ausfall
- Ablauf einer der Nutzungsphasen des Produktgebrauchs
- Ablauf der letzten Nutzungsphase des Produktgebrauchs

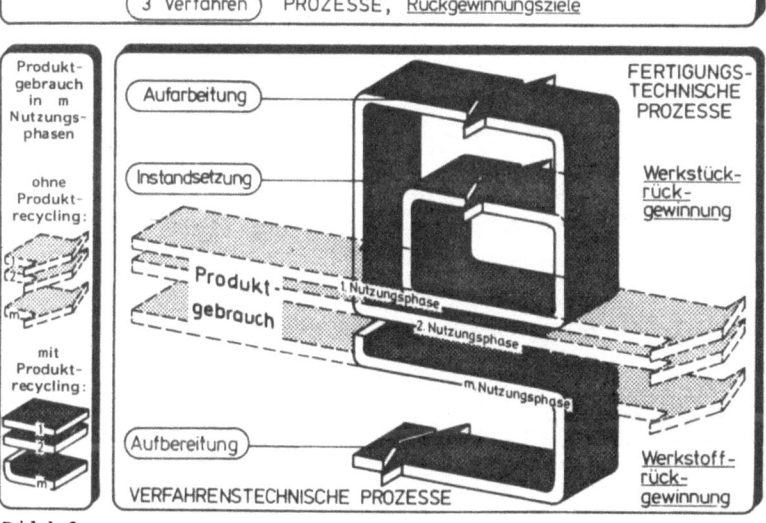

Bild 8

Werkstückrückgewinnende Verfahren des Produktrecycling sind die **Aufarbeitung** und die **Instandsetzung** als fertigungstechnische Prozesse. Die Aufarbeitung überführt das genutzte Produkt in eine weitere Nutzungsphase, während es bei der Instandsetzung in derselben Nutzungsphase verbleibt, wie in Bild 8 dargestellt.

Das **werkstoffrückgewinnende Verfahren** des Produktrecycling ist die **Aufbereitung**, die das Produkt über verfahrenstechnische Prozesse in einen neuerlichen Produktionsprozeß zurückführt.

Hervorzuheben ist, daß die gewählte Definition des **Begriffs Produktrecycling** den in /17/ geschaffenen Gliederungen und dort definierten **Begriffen des Recycling** nicht widerspricht, sondern diese aufgreift, um die Instandsetzung ergänzt und so vorteilhaft zusammenfaßt, daß damit auch alle sich aus bisherigen Einteilungen ergebenden Unschärfen ausgeräumt werden, da gekoppelte und verwandte Prozesse sowie Mischformen des Recycling nunmehr mit erfasst werden können: Durch Zusammenfassung in einem Begriff Produktrecycling wird es möglich, die Stoffflüsse eines Produktes und seiner Bauteile nach dem Verursacherprinzip durch unterschiedliche Kreislaufarten und Behandlungsprozesse hindurch zu verfolgen und so alle zur Anwendung kommenden Verfahren vollständig abzubilden und damit auch ganzheitlich optimieren zu können.

Als Gegenstück zum Produktrecycling läßt sich das **Materialrecycling** definieren als die Zusammenfassung aller zur Anwendung kommenden Recyclingverfahren zur Werkstoffrückgewinnung aus (nicht als Produkte faßbarem) Abfallmaterial, wie beispielsweise Produktionsabfällen oder flüssigen Altstoffen.

Das Materialrecycling ist jedoch nicht Gegenstand der vorliegenden Arbeit. Ebenfalls nicht eingeschlossen, weder im Produkt- noch im Materialrecycling, ist auch die Energiegewinnung aus Produkten und Abfallmaterial - ein Grenzfall des Recycling, der eher als Entsorgung zu werten ist.

3.1.2 Produktrecycling im großtechnischen, industriellen und handwerklichen Maßstab

Analysiert man die beim Stand der Technik angewandten Verfahren des Produktrecycling, so finden sich zum Recycling von aus einer Nutzungsphase ausscheidenden Produkten praktische Realisierungen in drei unterschiedlichen Ausprägungen.

- Im **großtechnischen Maßstab** werden vorwiegend Shredderanlagen mit den bereits beschriebenen nachfolgenden Sortierstufen zur **Aufbereitung** und Rückgewinnung der wichtigsten Werkstoffe aus genutzten Produkten in der als "Altstoffrecycling" definierten Kreislaufart eingesetzt. Hierbei geht die Funktion des Produkts verloren.

- Im **industriellen Maßstab** werden in sogenannten Austauscherzeugnisfertigungen aufgearbeitete Produkte aus genutzten Produkten meist wie Neuprodukte in Serie hergestellt. Dieses **Aufarbeiten** in Austauscherzeugnisfertigungen – in einem festgelegten Ablauf mit den Arbeitsschritten Erzeugnisdemontage, Bauteilereinigung, Bauteilprüfung, Bauteileaufarbeitung, Erzeugnismontage – bildet das wichtigste Verfahren in der als "Recycling während des Produktgebrauchs" definierten Kreislaufart.

- Die im **handwerklichen Maßstab** vor Ort oder in Instandsetzungsbetrieben durchgeführte **Instandsetzung** von Erzeugnissen ist ebenfalls als Produktrecycling zu werten, wenn dadurch ein aus einer Nutzungsphase ansonsten endgültig ausscheidendes Produkt wieder einer Verwendung zugeführt werden kann. Die Definition der hier durchlaufenen Kreislaufart "Recycling während des Produktgebrauchs" nach /17/ definiert die "Rückführung eines Produkts in ein neues Gebrauchsstadium" ... selbst ... "ohne Durchlauf eines Behandlungsprozesses" ... bereits als Recycling. Schon dies legt es nahe, auch die Instandsetzung als Behandlungsprozeß neben der Aufarbeitung und Aufbereitung gelten zu lassen und somit in die Verfahren des Produktrecycling mit einzubeziehen.

Betrachtet man Produktrecyclingverfahren als Aufwand-/ Nutzen-Relation und wertet beispielsweise den Kapital- und Energieeinsatz bezogen auf die rezyklierte Wertschöpfung eines Produkts, so sind in erster Linie die Aufarbeitung, bedingt auch die Instandsetzung zur Rückgewinnung der Funktion eines Produktes im Wirkungsgrad deutlich höher einzustufen als die Aufbereitung zur Rückgewinnung lediglich der Werkstoffe.
Dennoch besitzt die in dieser Rangfolge niedrigstwertige Aufbereitung im großtechnischen Maßstab heute den höchsten Verbreitungsgrad. Dies unterstreicht die Notwendigkeit, das höchstwertige Recycling durch Aufarbeitung im industriellen Maßstab zukünftig verstärkt voranzutreiben.

3.1.3 Abgrenzung zur Instandhaltung

Aus der Einbeziehung der in /18/ als zu den Maßnahmen der Instandhaltung zugehörig definierten Instandsetzung in die Verfahren des Produktrecycling ergibt sich die in Bild 9 gezeigte "Verwandtschaft" der beiden Begriffe Instandhaltung und Produktrecycling.

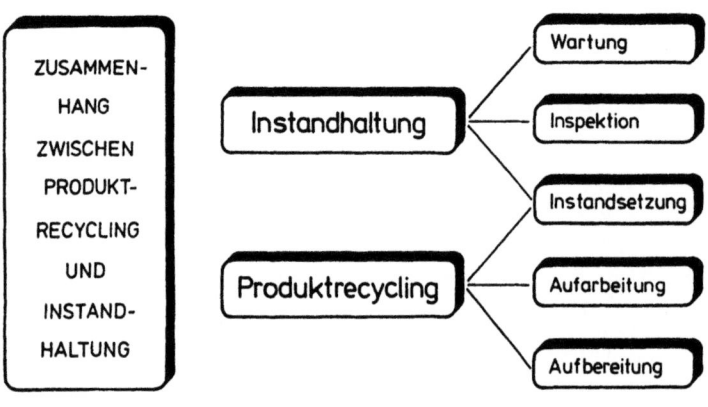

Bild 9

Hieraus folgt, daß die **Instandsetzung** sowohl Maßnahme der
Instandhaltung als auch Verfahren des **Produktrecycling** ist.

Die verbleibenden Maßnahmen der Instandhaltung bzw. Verfahren des Produktrecycling lassen sich dagegen eindeutig voneinander abgrenzen:

- Verbleibende Maßnahmen der Instandhaltung:
  Die Wartung und die Inspektion zählen - auch als entlastende bzw. vorbereitende Maßnahmen für die Instandsetzung - für sich alleine betrachtet nicht zum Produktrecycling.

- Verbleibende Verfahren des Produktrecycling:
  Die Aufarbeitung und die Aufbereitung zählen - auch als ersetzende oder ergänzende Maßnahmen zur Instandsetzung - für sich alleine betrachtet nicht zur Instandhaltung.

3.1.4 Unterscheidung von Aufarbeitung und Instandsetzung

Betrachtet man neben der im Gebrauchsgüterbereich vorherrschenden Aufarbeitung größerer Serien in Austauscherzeugnisfertigungen auch die Aufarbeitung im Investitionsgüterbereich, wo beispielsweise die Generalüberholung mit Modernisierung von Industrierobotern oder Werkzeugmaschinen sowohl in Serie, als auch in Einzelfertigung betrieben wird, so wird deutlich, daß zwischen der Aufarbeitung und der Instandsetzung ein fließender Übergang besteht.

Als wesentliche Unterscheidungskriterien lassen sich dabei die in Bild 10 angegebenen Unterschiede in Abläufen und Merkmalen beider Verfahren angeben.

Auch mit Hilfe dieser Kriterien gelingt es jedoch nicht immer, einige schwierig zuzuordnende Prozesse, wie beispielsweise eine "Teilüberholung", "Generalüberholung", "Modernisierung", die Abläufe und Merkmale beider Verfahren aufweisen können, eindeutig als Aufarbeitung oder als Instandsetzung einzustufen.

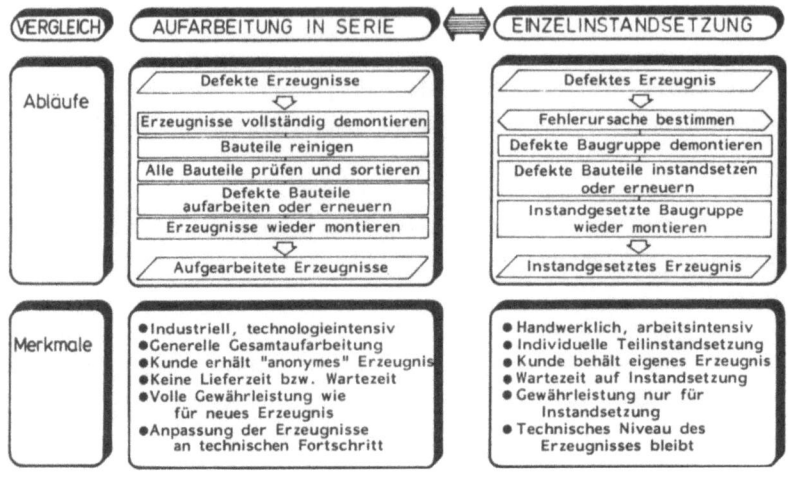

Bild 10

Aus diesem Grunde wurden in /11/, /17/ und /20/ auch Ansätze unternommen, weitere Kriterien wie

- Eigentümerbeibehaltung / Eigentümerwechsel, /11/

- Standortbeibehaltung / Standortwechsel, /11/

- Maßnahmen zur Erreichung   darüber
  der "normalen"   / hinausgehende
  Produktlebensdauer   Maßnahmen, /17/

- Beibehaltung   Aufgabe der Produktidentität, /20/
  der   / ("Vermischen" der Bauteile mehrerer
  Produktidentität   in Serie aufgearbeiteter Produkte)

als Maßstab zur Einstufung von Produktrecyclingverfahren als

- Instandsetzung   / Aufarbeitung   heranzuziehen.

Auch damit wird jedoch eine scharfe Trennung zwischen der Aufarbeitung und Instandsetzung nicht in allen Fällen gelingen, da ein rezykliertes Produkt im Einzelfall auch "widersprüchliche" Eigenschaften gemäß obigen Einteilungen aufweisen kann.

Es bietet sich daher an, die **Einstufung** eines Produktrecyclingverfahrens als **Aufarbeitung** oder **Instandsetzung** in solchen Grenzfällen nicht nur an verschiedenen Abläufen und Merkmalen der durchlaufenen Behandlungsprozesse und angewandten Recyclingformen, sondern vor allem am **erzielten Ergebnis** des Produktrecyclingverfahrens zu orientieren. Dieses Ergebnis ist der im Produktrecycling wiedergeschaffene **Abnutzungsvorrat** des Produkts, ein in /18/ definierter Begriff.

Zur Einstufung kann somit dieser im Produktrecycling wiedergeschaffene Abnutzungsvorrat des Produkts bewertet werden: **Erreicht** oder **übersteigt** der wiedergeschaffene Abnutzungsvorrat den zu Beginn der Nutzungsphase vorhandenen Wert, ist das Produktrecycling als **Aufarbeitung** zu werten. Eine Instandsetzung liegt vor, wenn lediglich ein Restabnutzungsvorrat zurückgewonnen wurde, Bild 11.

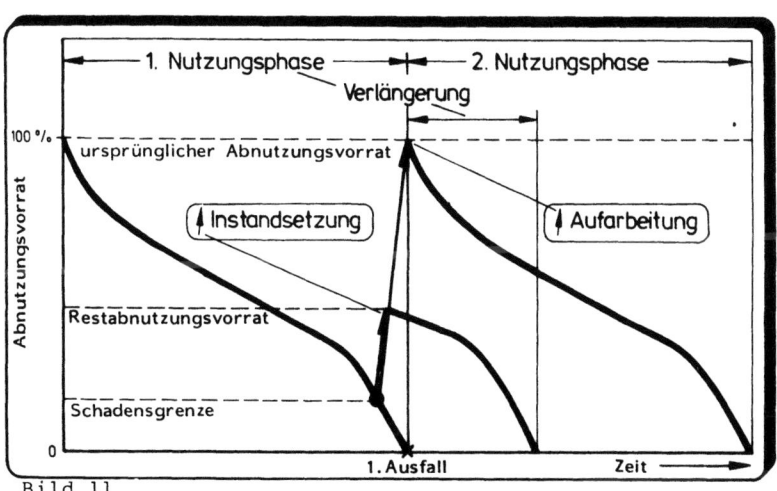

Bild 11

Eine solche Abstufung wird auch dem sprachlichen Gehalt der Begriffe Aufarbeitung und Instandsetzung gerecht.

3.2 Situationsanalyse des Produktrecycling durch Aufarbeiten in Austauscherzeugnisfertigungen

Zur Herleitung von Forschungs- und Entwicklungsaufgaben zur gezielten Verbesserung und Weiterentwicklung des Produktrecycling durch industrielles Aufarbeiten wurden Situationsanalysen in Austauscherzeugnisfertigungen in unterschiedlichen Branchen der Gebrauchsgüter- und Investitionsgüterindustrie des In- und Auslandes durchgeführt, Bild 12.

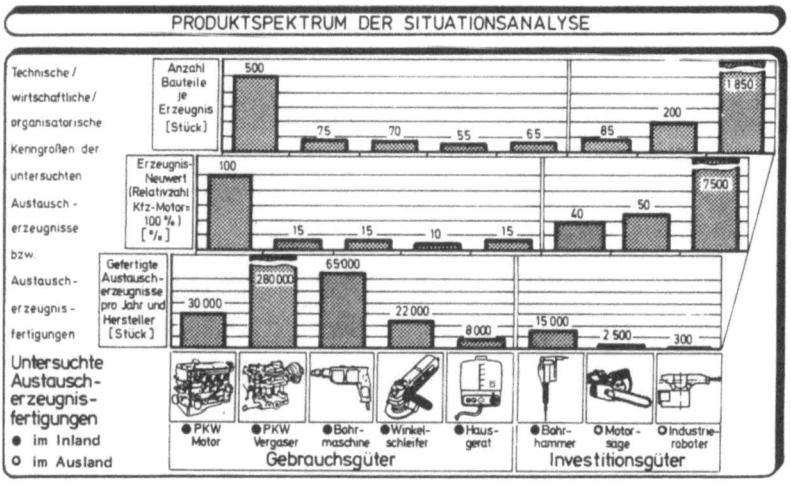

Bild 12

Eine ausführliche Darstellung der einen Untersuchungsaufwand von drei Mannjahren repräsentierenden Ergebnisse der Situationsanalysen wäre aufgrund der Vielfalt der dabei gewonnenen Erkenntnisse grundsätzlich wünschenswert - sie würde jedoch den Rahmen der vorliegenden Arbeit sprengen. Die Darstellung muß sich daher auf die weitgehend verallgemeinerungsfähigen Erkenntnisse beschränken und Abweichungen des Einzelfalles von den getroffenen Aussagen in Kauf nehmen.

Die Ergebnisse der Analysen behandeln Technologien und Einrichtungen sowie Kosten in Austauscherzeugnisfertigungen und münden in technologische, konstruktive, organisatorische und logistische Aufgaben zur gezielten Verbesserung, darüber hinaus in Planungsaufgaben zur Weiterentwicklung des Produktrecycling.

3.2.1 Ergebnisse der Analyse von Technologien und Einrichtungen in Austauscherzeugnisfertigungen

Die industrielle Aufarbeitung von Produkten in Serie, wie sie als Austauscherzeugnisfertigung in zahlreichen Branchen besteht, ist durch das Bemühen gekennzeichnet, das individuelle Recycling jedes Produkts als eine Serienfertigung größerer Lose zu gestalten und somit die sich hierbei bietenden Möglichkeiten der Rationalisierung, wie den Einsatz technischer Hilfen und die bessere Auslastung von Personal und Fertigungseinrichtungen, zu nutzen. Solche Austauscherzeugnisfertigungen gliedern sich in die fünf Arbeitsschritte vollständige Demontage / Reinigung / Prüfung / Aufarbeitung oder direkte Wiederverwendung wiederverwendbarer Bauteile, Ersatz nicht wiederverwendbarer Bauteile durch Neuteile / Wiedermontage. Diese Folge von Fertigungsschritten wird von einem größeren Los aufzuarbeitender Produkte schadensunabhängig, also einheitlich durchlaufen. Ursprünglich in einem Produkt zusammengehörige Bauteile werden dabei nicht notwendigerweise wieder zusammen in einem Produkt montiert, d.h. das Produkt verliert gewissermaßen seine ursprüngliche Identität. Die aufgearbeiteten Produkte sind von einheitlichem, dem Neuprodukt ebenbürtigem Qualitätsniveau und Erscheinungsbild.

Zur besseren Orientierung gliedert sich die nachfolgend notwendigerweise so kurz wie möglich gehaltene Darstellung von Technologien und Einrichtungen der fünf in Austauscherzeugnisfertigungen durchlaufenen Fertigungsschritte jeweils nach den Gesichtspunkten

- Aufgaben
- technologische Schwerpunkte
- Fertigungseinrichtungen
- Materialflußeinrichtungen
- Organisationsprinzip
- Besonderheiten

Hierbei werden fertigungstechnische Begriffe und Gliederungen aus /36/ bis /38/ verwendet.

3.2.1.1 Demontage

Aufgaben: Um die Bauteile der zu fertigenden Austauscherzeugnisse für eine Wiederverwendung reinigen, prüfen und gegebenenfalls aufarbeiten zu können, werden die Produkte in allen untersuchten Austauscherzeugnisfertigungen vollständig, zumindest soweit wie zerstörungsfrei möglich, demontiert.

Technologische Schwerpunkte: Bei nahezu allen Produkten liegt der Schwerpunkt des Demontageaufwandes beim Lösen von Schraubenverbindungen. Bild 13 zeigt als typisches Beispiel aus dem Maschinenbau die experimentell ermittelte Häufigkeitsverteilung und die Zeitanteile der notwendigen 534 Vorgänge zur vollständigen Demontage eines 4-Zylinder-PKW-Ottomotors.

Eine vergleichbare Verteilung zeigt sich auch bei der Demontage anderer Produkte des Maschinenbaus. Stets ergibt sich das Lösen von Schraubenverbindungen als häufigster oder vom Zeitanteil im Vordergrund stehender Demontagevorgang in Austauscherzeugnisfertigungen.

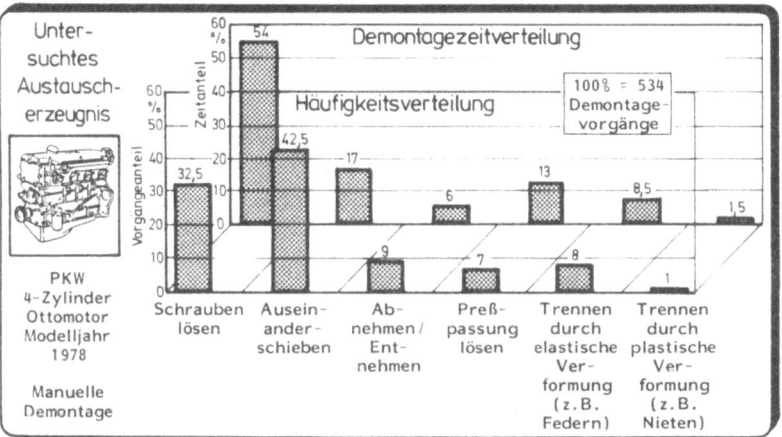

Bild 13

Fertigungseinrichtungen: Die Demontage von Schraubverbindungen erfolgt in den untersuchten Fällen soweit möglich mechanisiert mit Hilfe von handgeführten einspindligen Druckluftschraubern und ansonsten manuell mit Handwerkzeugen wie Maulschlüsseln, Schraubendrehern usw. Für das Lösen aller anderen Verbindungsarten wie Niet-, Klebe-, Preßsitz- oder durch plastisches Verformen erzeugte Verbindungen sind meist besondere Vorrichtungen notwendig; es ist in allen untersuchten Austauscherzeugnisfertigungen meist von hohen manuellen Arbeitsinhalten geprägt.

Materialflußeinrichtungen: In der Demontage kommen je nach Baugröße der zu demontierenden Produkte Verschiebebänder, Rollenbahnen, Hängebahnen oder schleppkettengetriebene Vorrichtungswagen als Fördermittel zum Einsatz. Produktspezifische Förderhilfsmittel wie Aufspannvorrichtungen usw. sind nur bei schweren Produkten, wie z.B. Kfz-Motoren, anzutreffen.

Organisationsprinzip: Organisatorisch ist die Demontage meist als Linienfertigung strukturiert.

Besonderheiten: Die Arbeitsbedingungen für das an den Demontagebändern tätige Personal sind aufgrund von Verschmutzung, Verölung und Korrosion der zu demontierenden Produkte in der Regel als erschwert einzustufen. Daneben ergeben sich häufig Schwierigkeiten beim Lösen von Verbindungen, insbesondere von Niet-, Klebe-, Preßsitz- oder durch plastisches Verformen erzeugten Verbindungen, die zu einer Beschädigung von Bauteilen und/oder Verbindungselementen und damit zu deren Nichtwiederverwendbarkeit führen können.

3.2.1.2 Reinigung

Aufgaben: In allen untersuchten Austauscherzeugnisfertigungen werden außer einigen bereits bei der Demontage ausgesonderten, offenkundig nicht erhaltungswürdigen oder grundsätzlich zu erneuernden Bauteilen alle möglicherweise erhaltungswürdigen Bauteile, im Durchschnitt sind dies 90 % der demontierten Bauteilmasse, einer eingehenden und oft mehrstufigen Reinigung unterzogen. Die Reinigung ist Vorbedingung der nachfolgenden Zustandsbeurteilung von Bauteilen (Prüfen und Sortieren) und der gegebenenfalls erforderlichen Bauteileaufarbeitung. Sie kann aber auch schon die Bauteileaufarbeitung an sich darstellen, wenn Teile nur verschmutzt, jedoch nicht verschlissen sind.
Technologische Schwerpunkte: In der Regel läßt sich kein bestimmter Schwerpunkt des Reinigungsaufwandes ermitteln. Je nach Art der Verschmutzung, Verölung oder Korrosion kommen

- Tauchen (in Säure- oder Laugebädern)
- Waschen (in Heißwasser, Kaltreiniger, Waschbenzin, Petroleum usw.)
- Strahlen (Sand-, Stahlkies-, Naßdruckstrahlen, usw.)
- Ultraschallreinigung

als wichtigste Reinigungsverfahren in unterschiedlichem Umfang zur Anwendung.

Fertigungseinrichtungen: Die Reinigung erfolgt je nach geforderten Bauteiledurchsatz teilweise manuell an Handarbeitsplätzen, aber auch in mechanisierten oder automatisierten Tauchbädern, Waschmaschinen und Strahlanlagen. Die verwendeten Einrichtungen entsprechen somit den in Instandsetzungswerkstätten oder in der Neuproduktion eingesetzten.

Materialflußeinrichtungen: Als Fördermittel in der Reinigung kommen je nach Ausbildung des Reinigungsvorgangs (stationär oder nach dem Durchlaufprinzip) Unstetig- oder Stetigförderer wie Kräne oder Hängebahnen als flurfreie, Verschiebetische oder Taktbänder als flurgebundene Fördermittel zum Einsatz. Auf der Förderhilfsmittelseite werden fast durchgängig Drahtkörbe verwendet.

Organisationsprinzip: Organisatorisch ist die Reinigung, bedingt durch die meist längeren Prozeßzeiten, in der Regel als Gruppenfertigung strukturiert.

Besonderheiten: Bei der Auswahl der Reinigungsmedien in Tauchbädern, Waschemulsionen, Strahlmitteln usw. ist in besonderem Maße Rücksicht auf die Empfindlichkeit der Bauteilwerkstoffe (Metalle, Kunststoffe) und deren Oberflächenbeschaffenheit zu nehmen. Zu aggressive Reinigungsmedien führen daher zuweilen zu einer Nichtwiederverwendbarkeit bestimmter Bauteile.

3.2.1.3 Prüfen und Sortieren

Aufgaben: Das Prüfen und Sortieren der gereinigten Bauteile als dritter Schritt der Austauscherzeugnisfertigung besteht in erster Linie in einer Beurteilung des Bauteilezustandes zur Klassifizierung der Bauteile in drei Bauteilezustände:

- nicht mehr wiederverwendbar / zu erneuern
- nach Aufarbeitung wiederverwendbar
- direkt wiederverwendbar

Die Erfüllung dieser Aufgabe ist von zwei Voraussetzungen abhängig: Einerseits vom Vorhandensein objektivierbarer Zustandsmerkmale bzw. Prüfkriterien zur Beurteilung des Erhaltungszustandes von Bauteilen, die nicht immer mit den für die Neuteile in der Neuproduktion geltenden Prüfkriterien identisch sein müssen. Andererseits von der Verfügbarkeit zerstörungsfreier Prüfverfahren für die in Austauscherzeugnisfertigungen übliche 100 %-Prüfung.

Technologische Schwerpunkte: Aufgrund der genannten Forderungen ergibt sich in nahezu allen untersuchten Austauscherzeugnisfertigungen ein eindeutiger Schwerpunkt des Prüfaufwandes bei Verfahren der Sichtprüfung, da häufig objektivierbare und zerstörungsfreie Prüfverfahren noch fehlen. Bei einigen Funktionsbauteilen werden neben optischen Kriterien jedoch auch häufig elektrische und geometrische Kriterien geprüft.

Fertigungseinrichtungen: Die Prüfung erfolgt somit einerseits an Sichtprüfarbeitsplätzen, andererseits auch mit Meßeinrichtungen und Prüfhilfsmitteln für elektrische und geometrische Kenngrößen oder auf besonderen Prüfständen, beispielsweise zur Durchflußmessung und Dichtigkeitsprüfung der hierfür in Frage kommenden Bauteile. Für viele Prüfeinrichtungen finden sich Gegenstücke in der Neuproduktion, einige Prüfverfahren bzw. Prüfeinrichtungen wurden und werden jedoch auch eigens für die Austauscherzeugnisfertigung entwickelt.

Materialflußeinrichtungen: Als Fördermittel herrschen manuell bewegte Transportwagen, Gabelhubwagen oder Gabelstapler vor, als Förderhilfsmittel sind Paletten und Transportkästen anzutreffen.

Organisationsprinzip: Organisatorisch ist die Prüfung, bedingt durch den hohen Anteil manueller Arbeit, meist als eine Art Gruppenfertigung strukturiert.

Besonderheiten: Neben der Prüfung und Sortierung der Bauteile nach ihrem Erhaltungszustand muß in vielen untersuchten Austauscherzeugnisfertigungen auch ein nicht zu vernachlässigender manueller Prüf- und Sortieraufwand für das Identifizieren und Sortieren ähnlicher, jedoch nicht gleicher Bauteile getrieben werden. Das Sortieren von Schrauben, Stiften und Kleinteilen nach Längen oder Durchmesser, von Zahnrädern geringfügig unterschiedlicher Zähnezahl usw. bindet in Austauscherzeugnisfertigungen oft mehrere Handarbeitsplätze.

3.2.1.4 Bauteileaufarbeitung

Aufgaben: Aufgabe der Bauteileaufarbeitung ist es, den Nutzwert bzw. Abnutzungsvorrat der genutzten Bauteile wieder auf den Stand neuer Bauteile zu bringen. In einigen Fällen wird der Abnutzungsvorrat auch gesteigert, beispielsweise bei einer Modernisierung des Bauteils oder beim Härten vorher weicher Führungsbahnen, usw.

Technologische Schwerpunkte: Der Schwerpunkt der in den untersuchten Austauscherzeugnisfertigungen angewandten Bauteileaufarbeitungsverfahren liegt bei spanenden Bearbeitungsverfahren wie Drehen, Fräsen, Bohren und Schleifen. Bei hohen optischen Anforderungen an das Austauscherzeugnis bzw. seine Bauteile kommen auch Oberflächenbehandlungsverfahren wie Galvanisieren oder Lackieren in nennenswertem Umfang hinzu. Bild 14 zeigt Anteil und Verfahren der Bauteileaufarbeitungseinrichtungen in einer Austauscherzeugnisfertigung für PKW-4- und 6-Zylinder-Ottomotoren.

Fertigungseinrichtungen: Die Aufarbeitung der Bauteile erfolgt meist auf Universalwerkzeugmaschinen bzw. an Einzelarbeitsplätzen, in Einzelfällen auch auf Sonderwerkzeugmaschinen, die aus der inzwischen ausgelaufenen Neuproduktion des gleichen Bauteiles übernommen werden konnten.

Materialflußeinrichtungen: Die Bauteileaufarbeitung entspricht hinsichtlich Fördermitteln und Förderhilfsmitteln in der Regel den beim Prüfen und Sortieren dargestellten Gegebenheiten.

Organisationsprinzip: Organisatorisch ist die Aufarbeitung meist als eine Gruppen-oder Werkstattfertigung strukturiert, d.h. es sind Maschinen oder Arbeitsplätze gleicher Bearbeitungsaufgaben in Bereichen zusammengefaßt.

Besonderheiten: Insbesondere hohe optische Anforderungen, aber auch das Fehlen von Nacharbeitsreserven usw. führen häufig zu einer Nichtaufarbeitbarkeit bestimmter Bauteile.

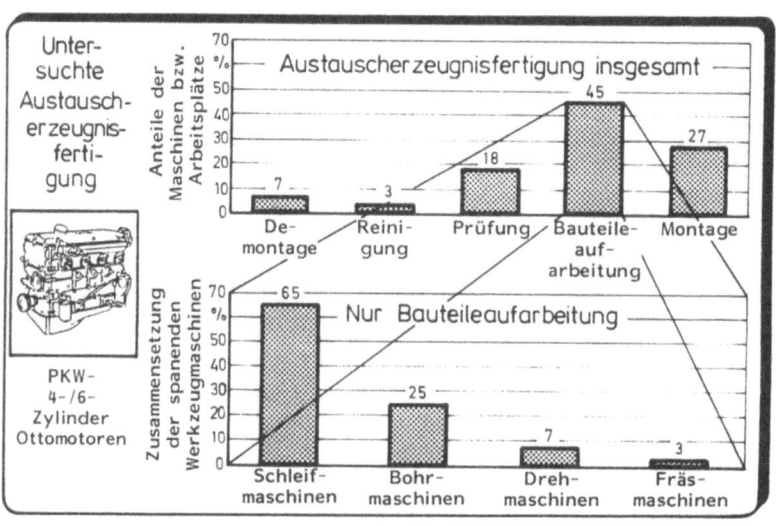

Bild 14

3.2.1.5 Montage

Aufgaben: Durch die Montage der demontierten, gereinigten, geprüften, gegebenenfalls aufgearbeiteten Bauteile zusammen mit neuen Bauteilen wird das Produkt wieder zu einem dem Neuprodukt ebenbürtigen Austauscherzeugnis zusammengefügt.

Technologische Schwerpunkte: Die Montage von Austauscherzeugnissen entspricht völlig der Montage in der Neuproduktion, lediglich die Einrichtungen zeigen zuweilen einen niedrigeren Mechanisierungs- oder Automatisierungsgrad aufgrund der in Austauscherzeugnisfertigungen häufig geringeren Stückzahlen.

Montage-/Materialflußeinrichtungen, Organisationsprinzip: Soweit möglich, sind die in den untersuchten Austauscherzeugnisfertigungen eingesetzten Montageeinrichtungen an denen der Neuproduktmontage orientiert, da vergleichbare Werkzeuge, Vorrichtungen usw. benötigt werden. In Einzelfällen findet die Wiedermontage auch auf den Montageeinrichtungen der noch laufenden Neuproduktion statt. Es werden dabei in bestimmten Sonderschichten an den jeweiligen Bändern statt Neuerzeugnissen Austauscherzeugnisse montiert. Dies bedarf keiner Umstellung von Einrichtungen oder Personal. Es werden lediglich aufgearbeitete Bauteile zum Teil in Verbindung mit Neuteilen anstatt nur Neuteile am Band zur Montage bereitgestellt. Die montierten Austauscherzeugnisse werden dann allerdings zur Unterscheidung von Neuerzeugnissen noch äußerlich gekennzeichnet.

Besonderheiten: Aus den genannten Gründen erübrigt sich eine nähere Erörterung der die Montage von Austauscherzeugnissen charakterisierenden Gegebenheiten. In Einzelfällen können erhebliche Unterschiede der Seriengröße in Neuproduktion und Austauscherzeugnisfertigung jedoch auch zu ausschließlich für die Wiedermontage geltenden Maßnahmen oder eigenen Gesetzmäßigkeiten führen.

In allen untersuchten Austauscherzeugnisfertigungen werden sämtliche Erzeugnisse nach der Montage einer vollständigen Funktionsprüfung und Endkontrolle unterzogen. Durch diese 100 % Prüfung ist in vielen Fällen das Qualitätsniveau der aufgearbeiteten Produkte und ihre spätere Zuverlässigkeit deutlich höher als die der nur in Stichprobenkontrollen geprüften vergleichbaren Neuerzeugnisse.

3.2.2 Ergebnisse der Analyse der Kosten
in Austauscherzeugnisfertigungen

Die industrielle Aufarbeitung von Produkten in serieller Austauscherzeugnisfertigung zielt hinsichtlich der Kosten darauf ab, die bei herkömmlichen Einzelinstandsetzungen aufgrund zu hoher Arbeitskosten zunehmend fehlende Kostendeckung wieder herzustellen. Die Kosten einer herkömmlichen Einzelinstandsetzung übersteigen bei zahlreichen Produkten meist aufgrund dieser Arbeitskosten bereits die gesamten Herstellkosten der hinsichtlich Abläufen und Hilfsmitteln in der Vergangenheit ständig rationalisierten Neuproduktion desselben Produkts, Bild 15 /39/.

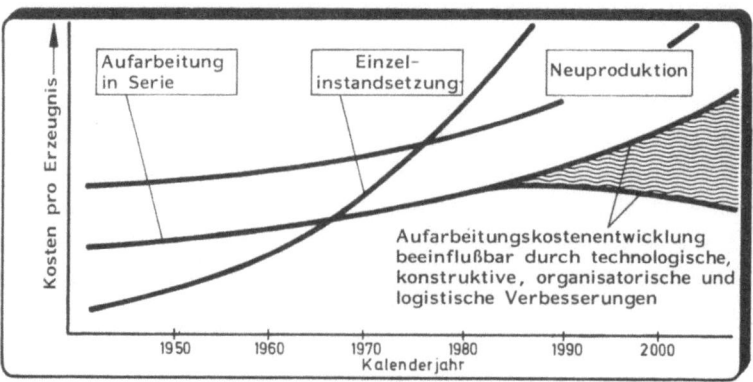

Bild 15

Eine Substitution der vorher individuellen Einzelinstandsetzung durch eine Serienfertigung größerer Lose aufgearbeiteter Erzeugnisse in der im Abschnitt 3.2.1 erläuterten Form bietet somit die Möglichkeit, erhebliche, der Neuproduktion vergleichbare **Kosteneinsparungen** bei den Arbeitskosten zu nutzen. Dem stehen jedoch **Kostenerhöhungen** gegenüber, die aus den höheren Materialkosten herrühren, da sämtliche Austauscherzeugnisse auf ein einheitliches, dem Neuprodukt ebenbürtiges Qualitätsniveau gebracht werden müssen.

Die nachfolgende Darstellung der Kosten in Austauscherzeugnisfertigungen gibt einen dreistufigen Überblick, wie sich der oben erläuterte Zielkonflikt der Kosteneinsparungsbemühungen in der in Austauscherzeugnisfertigungen anzutreffenden Kostenartenverteilung niederschlägt, in welchen Kostenstellen Kostenschwerpunkte entstehen und welche Besonderheiten die daraus resultierende Kostenträgerrechnung in Austauscherzeugnisfertigungen aufweist. Hierbei wird das in der betrieblichen Kostenrechnung übliche dreistufige Vorgehen mit Kostenbegriffen und Gliederungen nach /40/ verwendet.

3.2.2.1 Kostenartenrechnung

Eine Analyse der Kostenartenverteilung in den untersuchten Austauscherzeugnisfertigungen ergab die in Bild 16 dargestellten Spannweiten der Anteile der Kostenarten Arbeitskosten, Materialkosten, Kapitalkosten und Fremdleistungs-/sonstige Kosten.

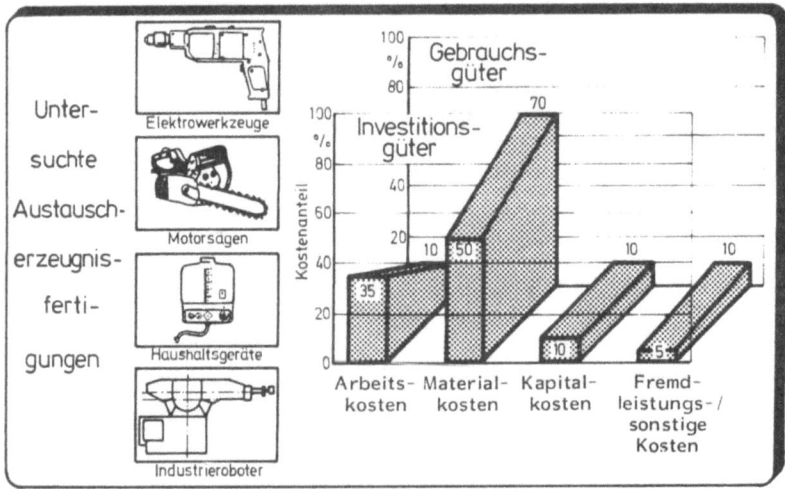

Bild 16

Als maßgeblich für die ermittelten Anteile der Kostenarten sind die folgenden Ursachen anzusehen:

Arbeitskosten: Die gegenüber der arbeitsintensiven Einzelinstandsetzung angestrebte Verringerung der Arbeitskosten durch Aufarbeiten in Serie, die mit durchschnittlich 20 % Anteil an den Herstellkosten ermittelt wurden, ist in Austauscherzeugnisfertigungen festzustellen. Der Einsatz technischer Hilfen und der rationelle Fertigungsablauf werden hier wirksam.

Materialkosten: Die Materialkosten stellen mit einem zwischen 50 und 70 % ermittelten Anteil an den Herstellkosten den maßgeblichen Kostenfaktor in Austauscherzeugnisfertigungen dar. Sie fallen für zwei Posten an: Für die Beschaffung der Altprodukte einerseits und für den Neuteilezuschuß als Ersatz für nicht mehr wiederverwendbare Bauteile andererseits.

Die Zusammensetzung der Materialkosten aus diesen beiden
Posten variiert dabei sehr stark: Gibt der Betreiber einer
Austauscherzeugnisfertigung aufgearbeitete Produkte nur gegen Rückgabe eines Altproduktes ab, so werden Kosten für
Altprodukte häufig kalkulatorisch gar nicht angesetzt. Muß
der Betreiber einer Austauscherzeugnisfertigung sich jedoch
am Markt mit Altprodukten versorgen, wie z.B. bei USamerikanischen Aufarbeitern, die Altprodukte selbst in Europa
beschaffen, zu beobachten, so können die Beschaffungskosten
für Altprodukte bis zur Hälfte der Materialkosten betragen
- dies kann jedoch fühlbar dazu beitragen, die Kosten für
den Neuteilezuschuß und damit die Materialkosten insgesamt
zu begrenzen, wie in Kapitel 6 noch zu zeigen sein wird.

Kapitalkosten: Mit 5 bis 10 % Anteil an den Herstellkosten
sind die Kapitalkosten kein herausragender Kostenfaktor in
Austauscherzeugnisfertigungen. Der durchweg vergleichsweise
niedrige Automatisierungsgrad der Demontage- und Montageeinrichtungen sowie das weitgehende Fehlen kapitalintensiver
Werkzeugmaschinen für eine in Austauscherzeugnisfertigungen
nicht anzutreffende aufwendige Teilefertigung sind hierfür
bestimmend.

Fremdleistungs-/sonstige Kosten: Auch die Fremdleistungs-
und sonstigen Kosten in Austauscherzeugnisfertigungen sind
nur in einer Streubreite zwischen 5 und 10 % Anteil an den
Herstellkosten aufgearbeiteter Erzeugnisse vertreten. Sie
bewegen sich damit in üblichen, keiner näheren Erörterung
bedürftigen Größenordnungen.

Aus der Analyse der **Kostenarten** ergibt sich somit, daß erfolgversprechende Verbesserungsansätze in Austauscherzeugnisfertigungen vorwiegend im Bereich der **Materialkosten** zu
verfolgen sind.

3.2.2 Kostenstellenrechnung

In der Kostenstellenrechnung werden die dem Produkt direkt zurechenbaren Einzelkosten nicht berücksichtigt - dies sind in Austauscherzeugnisfertigungen insbesondere die Materialkosten. Von Interesse ist jedoch eine genauere Analyse der in Austauscherzeugnisfertigungen anfallenden, dort häufig als Gemeinkosten erfaßten Arbeits- und Kapitalkosten, bzw. deren Verrechnung auf die entsprechend der durchlaufenen fünf Fertigungsschritte gegliederten Kostenstellen. Bei dieser Analyse ergab sich die in Bild 17 gezeigte Spannweite der Anteile der hier zu verrechnenden Kosten auf die entsprechenden Kostenstellen 1. Demontage / 2. Reinigung / 3. Prüfung / 4. Bauteileaufarbeitung bzw. Bauteileersatz durch Neuteile / 5. Montage.

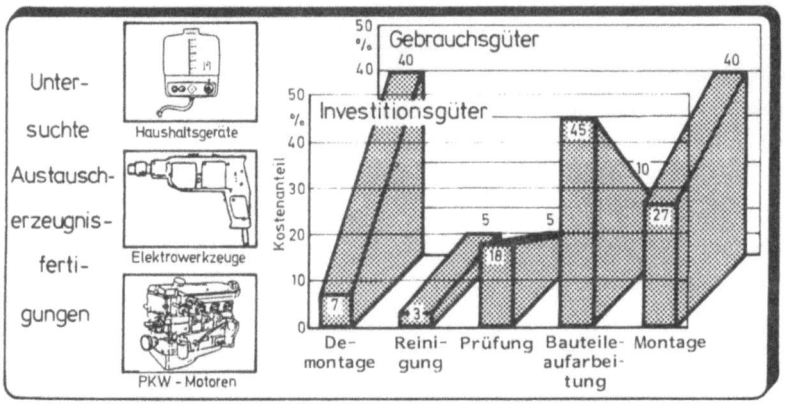

Bild 17

Hierbei fällt vor allem die in den meisten der untersuchten Austauscherzeugnisfertigungen ermittelte hohe Kostenbelastung der beiden Kostenstellen Demontage und Bauteileaufarbeitung auf - der in einigen Fällen ermittelte hohe Anteil der Montagekosten ist kein kennzeichnendes Merkmal von Austauscherzeugnisfertigungen, da diese in der Regel auch in der Neuproduktion auftreten /41/.

Aus der Analyse der **Kostenstellen** ergibt sich somit, daß erfolgversprechende Verbesserungsansätze in Austauscherzeugnisfertigungen vorwiegend im Bereich der **Demontage** und **Bauteileaufarbeitung** zu verfolgen sind.

3.2.2.3 Besonderheiten der Kostenträgerrechnung

Bei der Zuordnung der in der Kostenartenrechnung erfaßbaren Einzelkosten und der in der Kostenstellenrechnung erfaßten Gemeinkosten auf die Bauteile und Produkte, der Kostenträgerrechnung, kann in Austauscherzeugnisfertigungen zunächst ebenso vorgegangen werden wie in einer Neuproduktion. Je nach Genauigkeit der erfaßten Kosten bzw. der beabsichtigten Ergebnisse kann beispielsweise mit der summarischen oder mit einer differenzierten Zuschlagskalkulation gearbeitet werden. Hierbei stößt man in der Regel auf mit der Neuproduktion vergleichbare Ergebnisse, wie z.B. eine ABC-Verteilung der Kostenanteile der Kostenträger am gefertigten Austauscherzeugnis, oder auf die bekannten Schwierigkeiten /40/ einer wirklich verursachungsgerechten Kostenzurechnung auf ein bestimmtes Bauteil oder Erzeugnis, insbesondere bei stark verzweigtem und vielstufigem Fertigungsablauf.

Eine nur in Austauscherzeugnisfertigungen anzutreffende **Besonderheit** der Kostenträgerrechnung ist jedoch die Tatsache, daß für **ein und denselben Kostenträger**, beispielsweise einem maßgeblichen Bauteil für ein Los zu montierender Austauscherzeugnisse, mit **drei unterschiedlichen Kostenwerten** gerechnet werden muß, je nachdem, ob es sich um ein

- als Neuteil zuzuschießendes Bauteil
- aufgearbeitetes Bauteil aus demontierten Erzeugnissen
- direkt wiederverwendetes Bauteil aus demont. Erzeugnissen

handelt.

Dies hat zur Folge, daß beispielsweise bei einer Ermittlung von Hauptkostenträgern durch ABC-Analyse der Kostenanteile der Kostenträger am gefertigten Austauscherzeugnis nicht nur, wie in der Neuproduktion selbstverständlich, teure Bauteile als A-Teile ermittelt werden, sondern verschiedene Ursache die Einstufung eines Bauteils als Hauptkostenträger bewirken können. Als Hauptkostenträger (A-Teile) ergeben sich somit

- als Neuteile teure Bauteile mit mittlerer Zuschußquote
- als Neuteile mittelteure Bauteile mit hoher Zuschußquote
- aufwendig aufgearbeitete Bauteile mit hoher Aufarbeitungsquote.

Bild 18 zeigt die durch ABC-Analyse ermittelten Hauptkostenträger aus einigen der in der Situationsanalyse untersuchten Austauscherzeugnisfertigungen.

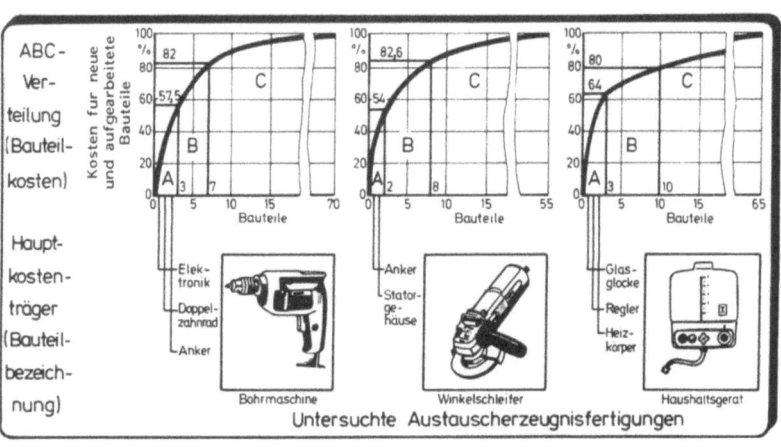

Bild 18

Als besonders erschwerend für die Vor- und Nachkalkulation von Austauscherzeugnisfertigungen kommt dabei hinzu, daß die von den Bauteilezuständen abhängigen Quoten zu erneuernder/ aufzuarbeitender/wiederverwendbarer Bauteile extremen Schwankungen unterliegen: Die Wiederverwendbarkeit eines Bauteils kann hierbei durchaus in Größenordnungen von 30 bis 70 % von einem Fertigungslos auf das nächste schwanken, so daß die **Hauptkostenträger** in Austauscherzeugnisfertigungen **sehr häufig wechseln.** Die von diesen raschen Schwankungen ausgehenden Kosteneinflüsse auf Austauscherzeugnisfertigungen lassen sich mit den im Maschinenbau gängigen Kalkulationsverfahren nicht ausreichend beherrschen.

Aus der Analyse der **Kostenträgerrechnung** in Austauscherzeugnisfertigungen ergibt sich somit, daß erfolgversprechende Verbesserungsansätze vorwiegend in der Entwicklung eines reaktionsfähigen Verfahrens zur Kostenrechnung zu sehen sind, das diesen Besonderheiten gewachsen ist.

3.3 Folgerungen aus der Situationsanalyse:
     Aufgaben der technisch/wirtschaftlichen Optimierung
     des Produktrecycling durch industrielles Aufarbeiten
     in laufenden Austauscherzeugnisfertigungen

Zur technisch/wirtschaftlichen Optimierung in Austauscherzeugnisfertigungen sind neue Technologien zur Demontage und Teileaufarbeitung, konstruktive Maßnahmen zur Begünstigung der gesamten Aufarbeitung sowie organisatorische und logistische Hilfen zur effektiven und sicheren Kostenkontrolle, Planung und Steuerung von Austauscherzeugnisfertigungen zu entwickeln. Hieraus ergeben sich folgende Aufgaben:

3.3.1 Notwendige technologische Verbesserungen

Die Demontage defekter Produkte als erster Fertigungsschritt in Austauscherzeugnisfertigungen ist in den untersuchten Fällen zwar meist als rationelle Linienfertigung strukturiert,

kann im übrigen jedoch hinsichtlich der Gestaltung von
technischen Einrichtungen und Hilfsmitteln nicht auf "Vorbilder"
aus der Neuproduktion zurückgreifen, da sich die Aufgabe
"Demontieren" in der industriellen Herstellung neuer Erzeugnisse nicht stellt.
Verschmutzung, Verölung und Korrosion der zu demontierenden
Erzeugnisse führen darüber hinaus zu hohen Belastungen des
in der Demontage beschäftigten Personals.

Um hier zu kostengünstigen und menschengerechten Arbeitsplätzen in der Demontage zu gelangen, sind somit technische
Einrichtungen zur Mechanisierung und Automatisierung der
Demontage zu entwickeln. Hierfür wird in Kapitel 4 eine beispielhafte Lösung erarbeitet. Die als technologische Verbesserung ebenfalls zu fordernde Entwicklung neuer Aufarbeitungsverfahren dagegen ist stark vom jeweiligen Einzelfall geprägt - sie wird daher in der vorliegenden Arbeit
nicht vertieft.

3.3.2 Notwendige konstruktive Verbesserungen

Die in den Analysen der Technologien und Einrichtungen sowie
der Kosten in den untersuchten Austauscherzeugnisfertigungen
ermittelten Schwachstellen und Kostenschwerpunkte hatten in
zahlreichen Fällen auch konstruktive Ursachen.
Um hier sowohl zur Verbesserung der technologischen Abläufe,
als auch zu einer Erhöhung der Anteile direkt oder nach Aufarbeitung wiederverwendbarer Bauteile zu gelangen, ist es
somit notwendig, **alle fünf Fertigungsschritte in Austauscherzeugnisfertigungen** auch **durch geeignete konstruktive Maßnahmen zu begünstigen.** Solche Maßnahmen werden in Kapitel
5 aufgezeigt und auf Produkte aus den untersuchten Austauscherzeugnisfertigungen angewandt.

3.3.3 Notwendige organisatorische und logistische Verbesserungen

Einen erheblichen, meist maßgeblichen Kostenfaktor aller untersuchten Austauscherzeugnisfertigungen stellen in der Regel die Kosten für notwendige Neuteile, die als Ersatz für nicht mehr wiederverwendbare Bauteile aus den demontierten Erzeugnissen bei der Montage der aufgearbeiteten Erzeugnisse zuzuschießen sind. Im Bemühen, den Aufwand bzw. die Kosten für diese Neuteile zu verringern, sind zwei Gruppen von Maßnahmen denkbar:

- Verstärkte Aufarbeitung von Bauteilen durch Entwicklung weiterer Bauteileaufarbeitungsverfahren. Dieser Weg wird in zahlreichen untersuchten Austauscherzeugnisfertigungen bereits beschritten.

- Erhöhte Bauteilegewinnung aus zusätzlich demontierten Erzeugnissen durch Steigerung des Verhältnisses V_{DM} = Verhältnis demontierter Produkte zu montierten Produkten in der Austauscherzeugnisfertigung. Dieser Weg wird in den im Inland untersuchten Austauscherzeugnisfertigungen in keinem der untersuchten Fälle, in den USA bereits zum Teil, allerdings wenig methodisch beschritten, da es an der erforderlichen Organisation und Logistik zur kostenoptimalen Steuerung von Demontage- und Montagestückzahlen sowohl innerbetrieblich als auch außerbetrieblich noch weitgehend fehlt.

Bei der oben erstgenannten Maßnahmengruppe erhöhen sich die Bauteileaufarbeitungskosten, bei der zweiten die Demontagekosten sowie Beschaffungskosten für zusätzliche Altprodukte. Diese Kostenentwicklungen sind den erzielbaren Kosteneinsparungen bei Neuteilen gegenläufig, so daß bei verstärkter Bauteileaufarbeitung und/oder stark gesteigertem Verhältnis V_{DM} die gesamten Herstellkosten wieder steigen.

Bei Austauscherzeugnissen, die aus einer Vielzahl unterschiedlicher Bauteile bestehen, die jeweils mit unterschiedlichen und zudem schwankenden Größenordnungen der Quoten

Q_S - Anteil nicht wiederverwendbarer Bauteile
Q_A - Anteil nach Aufarbeitung wiederverwendbarer Bauteile
Q_W - Anteil direkt wiederverwendbarer Bauteile

behaftet sind, gerät die herstellkostenorientierte Optimierung des Verhältnisses V_{DM} (gesamtkostenoptimal zu demontierende Erzeugnisse für ein erforderliches Los zu montierender Erzeugnisse) zu einer sehr umfangreichen Rechenaufgabe mit zahlreichen Einzelberechnungen und Optimierungsläufen.

Hierfür ist ein möglichst rechnerunterstütztes Verfahren zu entwickeln, das **alle Kostenauswirkungen** einer Erhöhung der Demontagestückzahl zur Verringerung des Bedarfs an Neuteilen und/oder aufgearbeiteten Bauteile durch Variation von V_{DM} **ermittelt und optimiert.** Ein solches Verfahren wird in Kapitel 6 entwickelt und erprobt.

3.4 Aufgaben der Entscheidungsfindung und Planung für zukünftiges Produktrecycling

Die das Zustandekommen von Produktrecyclingkreisläufen bestimmenden Größen und für ihre technisch und wirtschaftlich erfolgreiche Durchführbarkeit notwendigen Voraussetzungen und Einflüsse sind in der Mehrzahl noch nicht klar zu erkennen. Zur Entscheidungsfindung und Planung für zukünftiges Produktrecycling ist somit eine methodische Unterstützung sowohl für die Auswahl eines geeigneten Produktrecyclingverfahrens als auch für seine vorteilhafte Gestaltung nach technischen und wirtschaftlichen Gesichtspunkten zu entwickeln.

3.4.1 Notwendige Entscheidungstechniken zur Auswahl
geeigneter Produktrecyclingverfahren

Im Lebenszyklus eines Produkts mit Produktion, Gebrauch (gegebenenfalls in mehreren Nutzungsphasen) und Entsorgung setzen die drei Kreislaufarten Produktionsabfallrecycling, Recycling während des Produktgebrauchs und Altstoffrecycling an. Zu jedem Zeitpunkt des Lebenszykluses eines Produkts sollte möglichst intensiv ein Recycling in der entsprechenden Kreislaufart betrieben werden.

Große Reserven liegen hier noch in den während und am Ende der Phase des Produktgebrauchs ansetzenden Recyclingverfahren, deren Anwendung in einem Spannungsfeld von Hersteller und Anwender liegt und die daher bisher oft noch wenig systematisch betrieben werden oder isoliert gesehen werden.

Um hier einen Gesamtzusammenhang zu schaffen, wurde in der vorliegenden Arbeit der Begriff Produktrecycling mit den drei Verfahren Instandsetzung, Aufarbeitung und Aufbereitung geschaffen.
Im Einzelfall stellt sich somit beim Ausscheiden eines Produkts aus einer Nutzungsphase die Aufgabe der **Priorisierung des bestgeeigneten Produktrecyclingverfahrens.** Hierfür werden im ersten Abschnitt des Kapitels 7 Entscheidungsregeln entwickelt.

3.4.2 Notwendige Planungsmethoden zum Produktrecycling durch industrielles Aufarbeiten

Eine gesicherte Planung und der wirtschaftliche Betrieb einer Fertigung aufgearbeiteter Produkte als Bestandteil unternehmerischen Handels - insbesondere außerhalb des Kfz-Bereichs - ist von der treffsicheren und abgesicherten Einschätzung der technischen, wirtschaftlichen und organisatorischen Voraussetzungen und Einflüsse, sowohl in innerbetrieblicher als auch außerbetrieblicher Hinsicht, abhängig. Diese Voraussetzungen und Einflüsse sind in ihrer Ausbildung und ihren Wechselwirkungen bisher noch nicht für beliebige Produkte allgemeingültig darstellbar und quantifizierbar. Im Einzelfall stellt sich daher die Aufgabe einer sorgfältigen Bestimmung und Absicherung dieser Größen.

Hierfür werden im zweiten und dritten Abschnitt des Kapitel 7 Entscheidungskriterien und Planungsinstrumentarien zur Ermittlung aufarbeitungswürdiger Produkte, sowie zur Planung der Aufarbeitung von Produkten des Maschinenbaus einschließlich einer Abwägung von Alternativen, flankierenden Maßnahmen und Wechselwirkungen mit der Neuproduktion aus der Sicht einer gesamtunternehmerischen Zielsetzung entwickelt.

4 Entwicklung automatisierter Technologien und Einrichtungen für Demontage- und Sortiervorgänge beim Produktrecycling

4.1 Untersuchung der Automatisierbarkeit von Demontage- und Sortiervorgängen

Bei der Entwicklung von Technologien und automatisierten Einrichtungen für Demontage- und Sortiervorgänge soll nachfolgend davon ausgegangen werden, daß eine Verfeinerung der beim Produktrecycling durch Aufbereitung bereits angewandten Verfahren der automatischen Demontage bzw. Zerkleinerung (z.B. durch Shreddern) einschließlich der darauffolgenden Verfahren zur automatisierten Sortierung nach Nichtmetallen und Metallen (z.B. durch Windsichten) bzw. nach Eisen- und Nichteisenmetallen (z.B. durch Magnetscheiden), Leicht- und Schwermetallen (z.B. durch Schwimm-/Sinkseparieren) für das hier verfolgte Ziel nicht zum Erfolg führen kann.

Solchermaßen verfahrenstechnisch automatisierte Verfahren lösen die konstruktive Gestalt von Produkten und Bauteilen auf, d.h. sie schaffen Trenn- bzw. Bruchstellen, die in aller Regel nicht mit den während der Fertigung und Montage des Produkts geschaffenen Verbindungsstellen der Bauteile identisch sind.

Aufgabe soll es sein, fertigungstechnische Verfahren zur automatischen Demontage und Sortierung zu entwickeln, bei denen die konstruktive Gestalt von Produkten bzw. Bauteilen erhalten bleibt. Unter **Demontage** soll somit ein **Trennen** der Bauteile an den in der **Fertigung und Montage geschaffenen Verbindungsstellen** verstanden werden; unter **Sortieren** ein Ordnen der Bauteile **nach Arten**, nicht nach Werkstoffen, Zustands- bzw. Qualitätsmerkmalen oder anderen Gesichtspunkten.

Hierfür werden im folgenden die von den zu demontierenden Produkten ausgehenden Einflüsse auf die Automatisierbarkeit der erforderlichen Vorgänge untersucht.

4.1.1 Umkehrbarkeit der Abläufe und Verfahren der automatisierten Montage

Die Demontage eines Produkts und geordnete Abführung (Sortierung) seiner Bauteile kann in gewissem Sinne als eine logische Umkehrung der Montage mit geordneter Zuführung der Bauteile angesehen werden. Hieraus ließe sich schließen, daß die Demontage eines Produkts bereits dann als automatisierbar beurteilt werden kann, wenn beim Stand der Technik auch seine Montage automatisierbar ist. Würde dies zutreffen, so könnte es hier genügen, auf die vergleichsweise umfangreiche Literatur /42/ zur Automatisierung in der Montage zu verweisen.

Dieser Rückschluß von der Automatisierbarkeit der Montage auch auf die Automatisierbarkeit der Demontage ist jedoch nur zu einem Teil richtig.
Eine logische Umkehrung der Vorgänge, d.h. die Nutzbarkeit von Technologien und Einrichtungen zur automatisierten Montage auch für die Demontage gilt nur für die Abläufe bei der Bildung bzw. Auflösung der Baustruktur eines Produkts, d.h. die Reihenfolge, in der Bauteile montiert bzw. demontiert werden.
Sie gilt nicht für die Verfahren zum Fügen bzw. Lösen der Verbindungen zwischen Bauteilen:

Die DIN-Norm /43/ und die Konstruktionslehre /44/, /45/ teilen die Fügeverfahren bzw. die Verbindungen grundsätzlich ein in

- o nicht lösbare Verbindungen
- o lösbare Verbindungen

mit zahlreichen weiteren Untergliederungen, auf die später noch einzugehen sein wird.
Bereits hier ist jedoch offensichtlich, daß insbesondere nicht lösbare Verbindungen, z.B. Schweißverbindungen, ohne weiteres automatisiert gefügt, nicht aber mit derselben

technischen Einrichtung auch wieder gelöst werden können.
Darüber hinaus ist auch innerhalb automatisch montierbarer
lösbarer Verbindungen mit Einschränkungen bezüglich der
automatischen Demontierbarkeit zu rechnen.

Somit sind nachfolgend für eine Beurteilung der Automatisierbarkeit der Demontage eines Produkts in erster Linie zwei
Einflüsse zu untersuchen:

- die für einen automatischen **Ablauf** der Demontage maßgebliche **Komplexität** der **Baustruktur**
sowie
- die für automatisierbare **Demontageverfahren** maßgebliche **Ausführung** der **Verbindungen**.

4.1.2 Einflüsse der Komplexität von Baustrukturen

Neben dem etwas pragmatischen Ansatz einer Umkehrbarkeit der
Montageabläufe läßt sich die Komplexität von Baustrukturen
als Einflußgröße auf die Automatisierbarkeit des Demontageablaufs auch eigenständig ermitteln und bewerten. Damit kann
dann die Automatisierbarkeit des Demontageablaufs als umgekehrt proportional zur ermittelten Komplexität einer Baustruktur eingestuft werden.

Unter der Baustruktur eines Produkts ist die Art und Anzahl
seiner Bauteile sowie deren gegenseitige Anordnung zu verstehen /45/. Hierbei unterscheidet die Konstruktionslehre
grundsätzlich zwischen Baustrukturen, die nach der Integralbauweise einerseits oder Differentialbauweise andererseits
gestaltet sind /46/. Eine solche Einteilung liefert jedoch
noch keine detaillierte Aussage zur Komplexität der Baustruktur im Hinblick auf automatisierbare Demontageabläufe.

Zur detaillierteren Ermittlung der Komplexität einer Baustruktur sind dagegen Hilfsmittel der Graphentheorie /47/
geeignet:

Stellt man alle Bauteile einer Baustruktur in einem **Teileverbindungsgraphen** dar, so erscheinen die Bauteile als Knoten, die Anzahl der mit einem Bauteil in Kontakt stehenden weiteren Bauteile als Verbindungslinien, Bild 19. Es leuchtet ein, daß eine **Baustruktur umso komplexer ist, je stärker ihr Teileverbindungsgraph vermascht ist.**
Diese Komplexität läßt sich nach /48/ auch berechnen:
Die **Anzahl Verbindungslinien** eines Knotens bzw. Bauteils ergibt den sogenannten Verknüpfungsgrad oder **"Knotengrad"** des Bauteils. Bildet man einen **Durchschnittswert** der Knotengrade aller Bauteile, so erhält man den sogenannten **"mittleren Knotengrad"** und damit eine Maßzahl für die Komplexität der gesamten Baustruktur. Das Vorgehen bei der Berechnung wird in /48/ ausführlich beschrieben. Festzuhalten

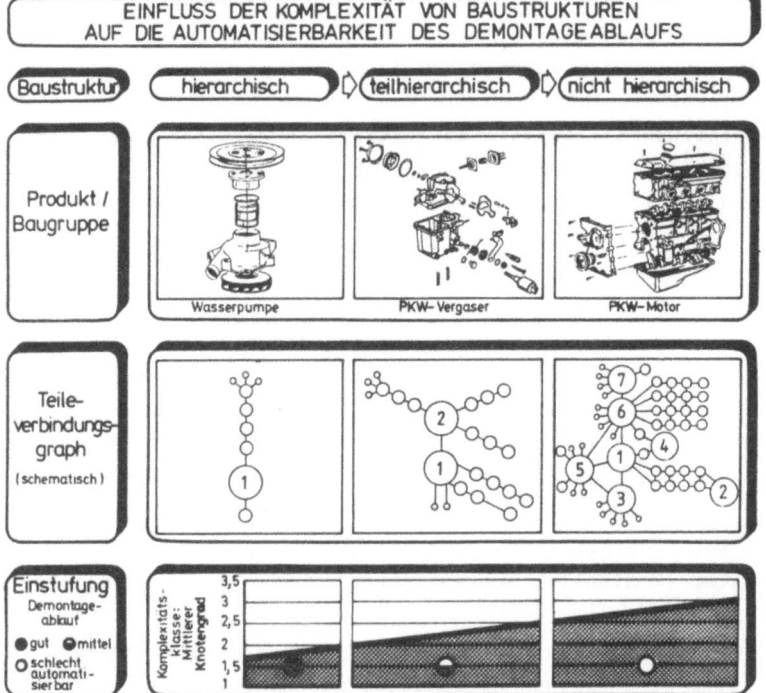

Bild 19

bleibt daher hier nur, daß sich ein umso niedrigerer mittlerer Knotengrad ergibt, je stärker die Baustruktur als "Baumstruktur" aufgebaut ist, d.h. es existiert ein Zentralbauteil ("Stamm"), das alle anderen Bauteile ("Äste") trägt.
Reine Baumstrukturen, für die stets ein mittlerer Knotengrad ≦ zwei ermittelt wird, da jedes Bauteil höchstens zwei Verbindungslinien hat, lassen sich auch als **hierarchische Strukturen** bezeichnen /12/. Dies ergibt einen sehr einfachen Demontageablauf, da lediglich alle Bauteile nacheinander vom Zentralbauteil zu lösen sind, ohne dieses Umspannen, Umgreifen oder Wechseln zu müssen.

Bild 19 stuft solche hierarchische, teilhierarchische und nicht hierarchische Baustrukturen in drei Komplexitätsklassen ein /49/ und leitet daraus eine Beurteilung der Automatisierbarkeit des Demontageablaufs von Produkten unterschiedlich komplexer Baustruktur ab.

4.1.3 Einflüsse der Ausführung von Verbindungen

Folgt man der aus Sicht der Konstruktionstechnik "für die Praxis empfohlenen Einteilung der Verbindungen" /45/, in

o lösbar	- Formschluß:	Schrauben direkt Fügen (Auflegen/Einlegen/Einschieben)
	- Kraftschluß:	Schrumpfen, Pressen, ...
o nicht lösbar	- plastischer Formschluß:	Nieten, Bördeln, ...
	- Stoffschluß:	Schweißen, Löten, Kleben, ...

und fordert zur Automatisierbarkeit der Demontageverfahren die Anwendbarkeit derselben Verfahren, die auch zur Montage angewandt werden, so sind hinsichtlich der **Lösbarkeit** nur **lösbar ausgeführte**, durch **Formschluß** erzeugte Verbindungen als geeignet anzusehen.

Die hierfür als Beispiele in obiger Aufzählung genannten

Verfahren lassen sich durch

o Schrauben o Schrauben
o Auflegen o Abnehmen
o Einlegen o Herausnehmen
o Einschieben o Auseinanderschieben

als direkte Umkehrung der automatisierbaren Montage zur Demontage nutzen.

Darüber hinaus können auch lösbar ausgeführte, durch Kraftschluß erzeugte Verbindungen im Einzelfall für eine automatisierte Demontage geeignet sein.

Hinsichtlich der **Zugänglichkeit** von Verbindungen ist - zum Lösen der Verbindung in einer möglichst einachsigen Linear- oder Drehbewegung - darüber hinaus eine in **Füge- bzw. Löserichtung liegende axiale Zugänglichkeit** der Verbindung für ein Demontagewerkzeug zu fordern.

Bild 20 teilt die Verbindungen unterschiedlicher Produkte aus der Situationsanalyse mit Hilfe der formulierten Kriterien "Lösbarkeit" und "Zugänglichkeit" in automatisch lösbare und nicht automaisch lösbare Verbindungen ein und leitet aus dem Anteil automatisch lösbarer Verbindungen eine Einstufung der Automatisierbarkeit der Demontageverfahren für diese Produkte her.

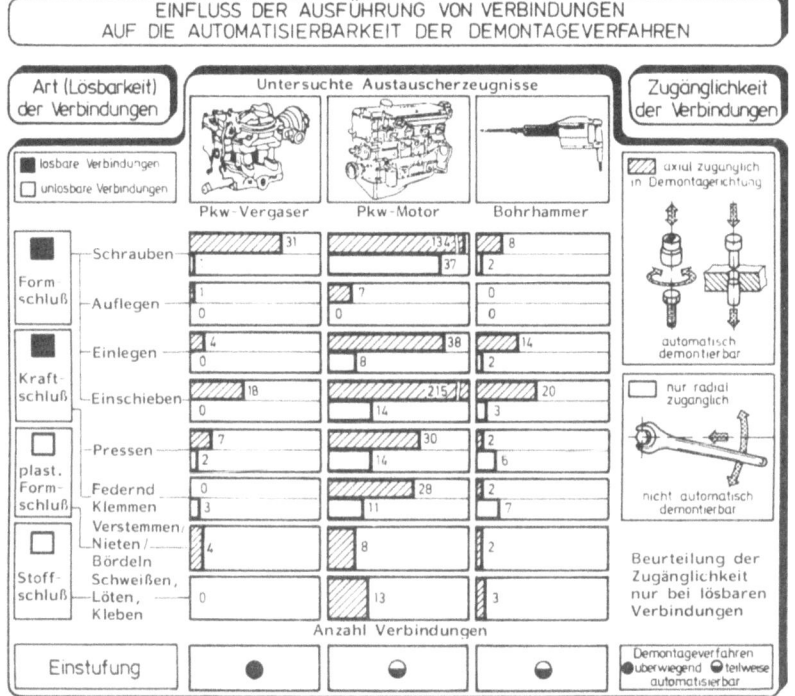

Bild 20

4.1.4 Weitere Einflüsse und Randbedingungen

Neben der Komplexität der Baustruktur und der Ausführung von Verbindungen hinsichtlich Lösbarkeit und Zugänglichkeit sind als wichtigste weitere Einflüsse auf die Automatisierbarkeit der Demontage eines Produkts zu beachten:

Demontagestückzahl: Für den wirtschaftlichen Betrieb einer automatisierten Demontageeinrichtung sind größere Stückzahlen von Vorteil.

Baugröße des Produkts: Die Baugröße des Produkts sowie die notwendigen Kräfte zum Lösen der Verbindungen müssen im Arbeitsraum bzw. Lastbereich der beim Stand der Technik verfügbaren Automatisierungseinrichtungen, z.B. Industrierobotern, Schraubwerkzeugen usw. liegen.

Einsatzbedingungen des Produkts: Starke Verschmutzung und/
oder Korrosion des Produkts und der Verbindungselemente während des Einsatzes stellen die technische Durchführbarkeit
einer automatisierten Demontage in Frage.

Als zusätzliche Randbedingung wird festgelegt:
Mechanisierungsgrad der Demontage im Istzustand: Zur Sicherstellung einer ausreichenden Praxisnähe und entsprechenden
Umsetzungsmöglichkeiten ist eine Begrenzung des Technologiesprungs beim Übergang auf eine automatisierte Demontage und
damit eine im Istzustand weitgehend mechanisierte Demontage
wünschenswert.

Zur Konzeption von Technologien und Einrichtungen zur Automatisierung von Demontage- und Sortiervorgängen sollten dabei nur Produkte **aus laufenden Austauscherzeugnisfertigungen**
herangezogen werden.

4.1.5 Ermittlung automatisiert demontierbarer Erzeugnisse

Wendet man die in den vorangegangenen drei Abschnitten
erarbeiteten sechs Einflußkriterien und Randbedingungen auf
die in den Situationsanalysen untersuchten Erzeugnisgruppen
in Austauscherzeugnisfertigungen an, kommt man zu dem in
Bild 21 dargestellten Ergebnis.

Als geeignetes Demontageobjekt für die Konzeption einer
flexibel automatisierten Demontagezelle ergibt sich somit
ein in laufenden Austauscherzeugnisfertigungen bereits in
Stückzahlen bis 10.000 pro Woche aufgearbeiteter, weitgehend in hierarchischer Baustruktur aufgebauter **Kfz-Vergaser.**
Diese Erzeugnisgruppe wird in der Neuproduktion meist bereits vollautomatisch montiert /50/ und in laufenden Austauscherzeugnisfertigungen bereits in großen Stückzahlen an
mechanisierten Arbeitsplätzen demontiert /51/.

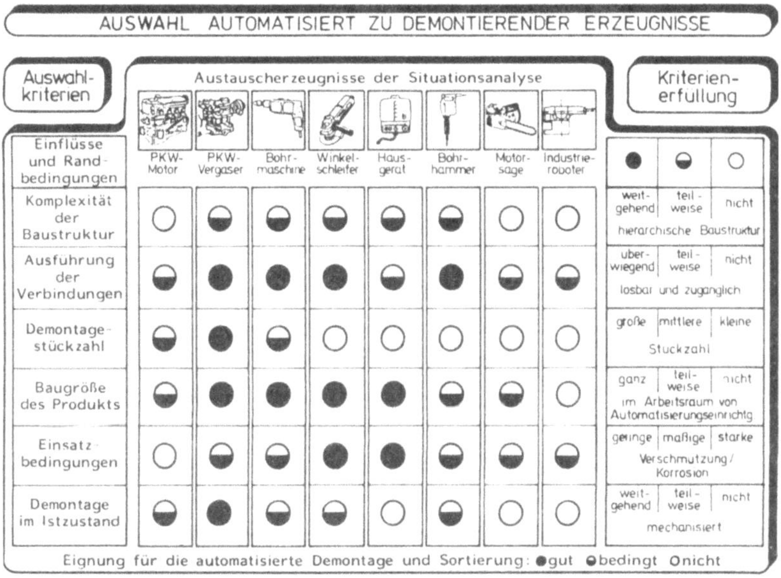

Auswahl-kriterien	Austauscherzeugnisse der Situationsanalyse								Kriterien-erfüllung		
	PKW-Motor	PKW-Vergaser	Bohr-maschine	Winkel-schleifer	Haus-gerät	Bohr-hammer	Motor-säge	Industrie-roboter			
Einflüsse und Rand-bedingungen	●	◐	◐	◐	◐	◐	○	○	weit-gehend	teil-weise	nicht
Komplexität der Baustruktur	○	◐	◐	◐	◐	◐	○	○	hierarchische Baustruktur		
Ausführung der Verbindungen	◐	●	●	◐	◐	●	◐	◐	über-wiegend	teil-weise	nicht
									lösbar und zugänglich		
Demontage-stückzahl	◐	●	◐	○	○	◐	○	○	große	mittlere	kleine
									Stückzahl		
Baugröße des Produkts	◐	●	◐	●	●	●	◐	○	ganz	teil-weise	nicht
									im Arbeitsraum von Automatisierungseinrichtg		
Einsatz-bedingungen	○	◐	◐	◐	◐	◐	◐	◐	geringe	mäßige	starke
									Verschmutzung / Korrosion		
Demontage im Istzustand	◐	●	◐	◐	○	◐	○	○	weit-gehend	teil-weise	nicht
									mechanisiert		

Eignung für die automatisierte Demontage und Sortierung: ●gut ◐bedingt ○nicht

Bild 21

4.2 Konzeption einer flexibel automatisierten Demontagezelle für ausgewählte Erzeugnisse

Die als notwendige technologische Verbesserung in Austauscherzeugnisfertigungen geforderte Entwicklung automatisierter Technologien und Einrichtungen für Demontage- und Sortiervorgänge wurde durch Konzeption einer flexibel automatisierten Demontagezelle für die vorliegende Arbeit verwirklicht und in /52/ bereits ausführlich vorgestellt.
Sie soll daher nachfolgend nur hinsichtlich der wesentlichen Entwicklungsergebnisse dargestellt werden.

Als beispielhaftes Demontageobjekt zur technischen Auslegung der Demontagezelle wurde aus der im vorangegangenen Abschnitt ausgewählten Erzeugnisgruppe "Kfz-Vergaser" ein einstufiger Fallstromvergaser zugrundegelegt, der zur Zeit der Konzeption der Demontagezelle die höchsten Produktionsstückzahlen

in der Neuproduktion und damit die höchsten potentiellen
Rücklaufraten erzielte.

4.2.1 Automatisierbare Demontageaufgaben

Zur vollständigen Demontage des zugrundegelegten Demontageobjekts sind 75 Demontagevorgänge notwendig. Die Baustruktur des Vergasers sowie die Ausführung der hierbei zu lösenden Verbindungen erfüllen in der überwiegenden Mehrzahl (65 Vorgänge) die in den Abschnitten 4.1.2 und 4.1.3 erarbeiteten Anforderungen an eine automatische Demontierbarkeit, so daß sich ein ausreichender Arbeitsinhalt für eine flexibel automatisierte Demontagezelle ergibt. Dieser Arbeitsinhalt besteht im Demontieren von 65 automatisch demontierbaren Bauteilen und Verbindungselementen von dem als Zentralbauteil der weitgehend hierarchischen Baustruktur des Vergasers anzusehenden Vergasergrundgehäuse bzw. vom Vergaserdeckel, solange dieser noch mit dem Vergasergehäuse verbunden ist, Bild 22. Die in Bild 22 angesprochenen 15 Demontageschritte werden im Abschnitt 4.2.4 noch erläutert.

Wie aus Bild 22 ebenfalls ersichtlich, ergibt sich aufgrund einiger nicht automatisierbarer Demontageaufgaben jedoch auch die Notwendigkeit einer manuellen Vor- und Nachdemontage:

Die manuelle Vordemontage, erforderlich aufgrund **nicht automatisch lösbar ausgeführter Verbindungen**, umfaßt folgende Bauteile:
Magnetabschaltventil: Die Sechskant-Schlüsselfläche des Magnetabschaltventils liegt verdeckt hinter dem Spulenkörper größeren Durchmessers und ist daher nur radial zugänglich. Das Magnetabschaltventil muß daher vorab manuell demontiert werden, um den Zugang zu den übrigen Verbindungen für deren automatische Demontage zu schaffen.

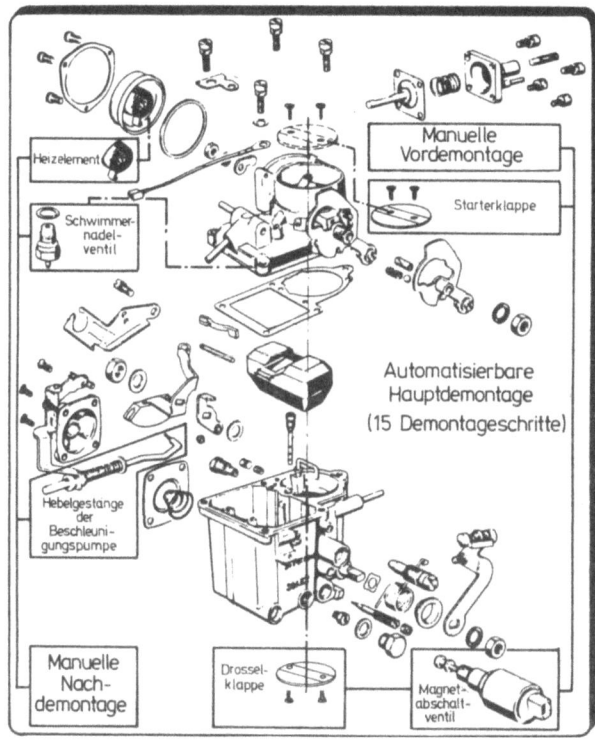

Bild 22

Starterklappe und Drosselklappe: Die Befestigungsschrauben der beiden Vergaserklappen sind als Durchgangsschrauben durch die Starter- bzw. Drosselklappenwelle an ihrem rückwärtigen Ende durch Verstemmen (plastische Verformung) gegen Herausdrehen gesichert und müssen daher vorab durch Ausbohren zerstörend entfernt werden, womit auch die beiden Klappen bereits demontiert werden.

Die **manuelle Nachdemontage**, erforderlich durch **die Baustruktur des Vergasers**, aufgrund derer bei einigen Demontagevorgängen ganze Baugruppen anfallen, die noch weitere Demontageaufgaben beinhalten, umfaßt folgende Bauteile:

- Demontieren des **Heizelementes** aus dem automatisch demontierbaren Startautomatikdeckel
- Demontieren des **Schwimmernadelventils** aus dem automatisch demontierbaren Vergaserdeckel
- Demontieren des **Hebelgestänges** aus dem automatisch demontierbaren Beschleunigungspumpendeckel

Weitere Aufgaben der manuellen Nachdemontage, wie z.B. das Lösen der an demontierten Bauteilen möglicherweise anhaftenden oder verklebten Dichtungen usw., seien hier nur der Vollständigkeit halber erwähnt. In der industriellen Praxis werden diese Aufgaben der Reinigung zugerechnet.

4.2.2 Teilfunktionen der Demontageaufgaben

Zur Erarbeitung von Automatisierungslösungen für die Demontageaufgaben wurden diese in folgende fünf Teilfunktionen zerlegt:

- **Handhaben des Demontageobjekts:** Der zu demontierende Kfz-Vergaser muß definiert eingespannt, gedreht und gewendet werden können, um ihn an seiner Oberseite sowie an drei Seitenflächen frei zugänglich den entsprechenden Demontagewerkzeugen anbieten zu können. Der Wendevorgang dient hierbei auch dazu, gelöste Bauteile und Verbindungselemente freifallend in einen entsprechenden Auffangbehälter abzuführen.

- **Handhaben der Demontagewerkzeuge:** Die zum Lösen der automatisch demontierbaren Verbindungen notwendigen Demontagewerkzeuge, im Falle des Kfz-Vergasers angetriebene Schraubwerkzeuge, ein Ausdrückdorn sowie ein Bauteilgreifer, müssen an das Demontageobjekt bzw. an die zu lösende Verbindung herangeführt und nach erfolgtem Demontagevorgang wieder abgeführt werden.

- **Lösen unterschiedlicher Verbindungen:** Zur Demontage des Kfz-Vergasers sind unterschiedliche Schraubverbindungen mit Sechskantkopf- und Schlitzkopfschrauben unterschiedlicher Abmessungen zu lösen, sowie durch Auflegen, Einlegen und Einschieben hergestellte Verbindungen zu lösen.

- **Sortieren der demontierten Bauteile und Verbindungselemente:** Die demontierten Bauteile und Verbindungselemente sind möglichst weitgehend nach unterschiedlichen Arten, zumindest jedoch nach Baugruppen sortiert in unterschiedliche Behälter abzuführen.

- **Überwachen der Demontagevorgänge:** Um Störungen im Demontageablauf zu erkennen, muß zumindest die ordnungsgemäße Ausführung der Schraubvorgänge sowie das erfolgte Lösen bestimmter Bauteile vom Vergasergrundkörper in geeigneter Weise überwacht werden.

4.2.3 Komponentenauswahl für die Teilfunktionen und Aufbau der Demontagezelle

Eine in /52/ ebenfalls ausführlich beschriebene Zusammenstellung und anschließende Auswahl geeigneter marktgängiger Automatisierungseinrichtungen bzw. Komponenten der Demontagezelle zur Erfüllung der erläuterten Teilfunktionen führte zu folgendem Aufbau der Demontagezelle, der in Bild 23 in Gegenüberstellung zur mechanisierten Demontage im Istzustand /51/ dargestellt ist:

- **Handhaben des Demontageobjekts:** Zur Automatisierung des Drehens und Wendens bzw. Schwenkens des sinnvollerweise auf dem Ansaugrohrflansch identisch dem Einbau im Kfz aufgespannten Demontageobjekts wurde ein elektrisch angetriebener 2-achsiger Dreh-/Wendepositionierer mit einer Aufspannfläche von 200 x 200 mm ausgewählt.

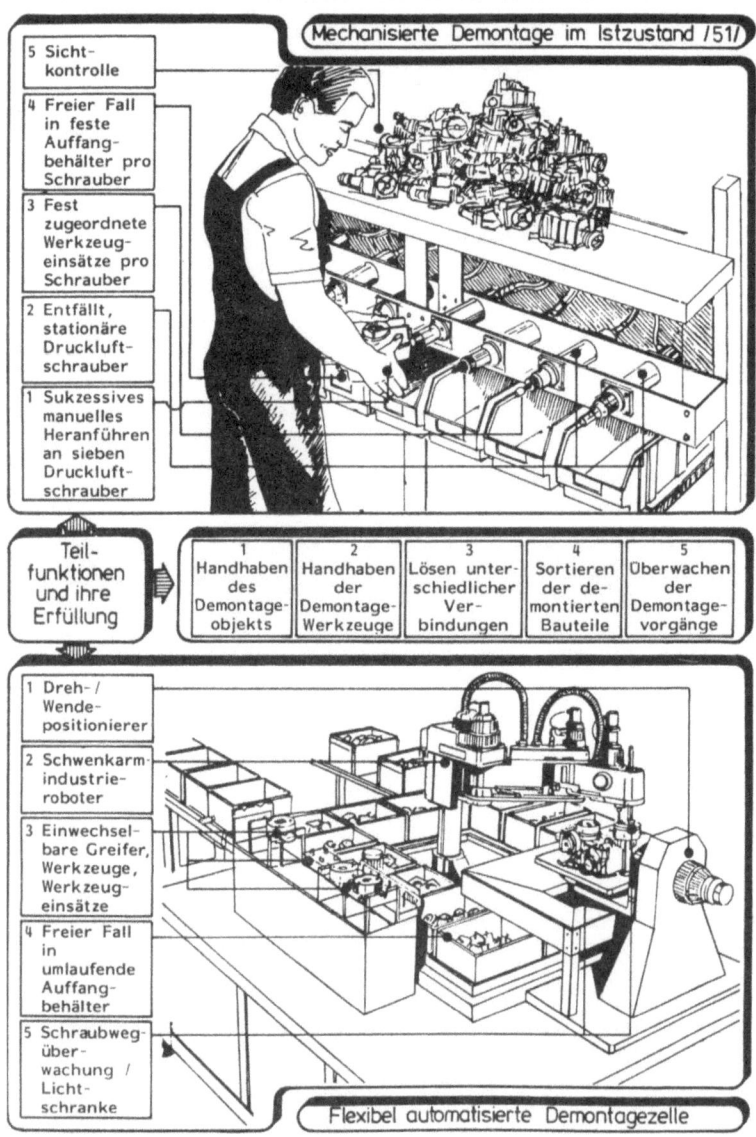

Bild 23

Da im Falle des hier zugrundegelegten Kfz-Vergasers alle
zu lösenden Verbindungen orthogonal im Raum stehen, reicht
es hierbei aus, wenn die Dreh- und Wendeachse jeweils um
4 x 90° positionierbar sind. Damit ist sowohl ein Anbieten
des Demontageobjekts für entsprechende Demontagewerkzeuge
an allen Seiten mit zu lösenden Verbindungen als auch ein
Drehen über Kopf zum Trennen gelöster Bauteile und Verbindungselemente durch Schwerkraft bzw. Rüttelbewegungen
des Positionierers möglich.

- Handhaben der Demontagewerkzeuge: Zur automatisierten
  Handhabung der für die Demontage erforderlichen Werkzeuge
  wurde ein Schwenkarm-Industrieroboter mit 10 kg Tragkraft,
  einem minimalen Arbeitsraum von 400 x 400 x 250 mm, ausgerüstet mit einem Wechselflansch für Schraubwerkzeuge,
  Ausdrückdorne und Greifer, ausgewählt.

- Lösen unterschiedlicher Verbindungen: Zum automatisierten Lösen von Schraubverbindungen wurden pneumatisch
  angetriebene, automatisch aus einem Werkzeugmagazin einwechselbare Schraubwerkzeuge gewählt. Im Falle des hier
  zugrundegelegten Kfz-Vergasers ist hierbei je ein druckluftbetriebener Gerad- und ein Winkelschrauber, jeweils
  mit einem Stillstandsmoment von 20 Nm, einer Leerlaufdrehzahl von 600 U/min und einer Abgabeleistung von 370 W
  bei einem Betriebsdruck von 6 bar erforderlich. Zum Einwechseln der notwendigen Schraubwerkzeugeinsätze in die
  Schrauber (im Falle des zugrundegelegten Kfz-Vergasers
  Sechskantsteckschlüsseleinsätze mit Schlüsselweiten SW 10;
  11 und 12 mm sowie Schraubendreherklingen für Schlitzschrauben mit 5/0,6; 6,3/1,1 und 8,5/1,5 mm Schlitzlänge/
  Schlitzbreite) wurde ein separates Werkzeugeinsatzmagazin
  und eine Vierkantrastaufnahme als Wechselvorrichtung am
  Schraubwerkzeug vorgesehen.
  Zum Austreiben der Starter- und Drosselklappenwellen wurde
  ein vom Industrieroboter ebenfalls automatisch einwechselbarer Austreibdorn (im Falle des zugrundegelegten

Kfz-Vergasers mit 6 mm Durchmesser) mit federnder Abstreifhülse vorgesehen.

Zum Abnehmen von aufgrund verklebter Dichtungen möglicherweise festsitzenden Bauteilen (insbesondere des Startautomatikgehäuses und des Vergaserdeckels) wurde ein ebenfalls pneumatisch betätigter, automatisch einwechselbarer Parallelgreifer mit 80 mm Öffnungsweite der Greifbacken und 40 mm Backenhub vorgesehen.

- **Sortieren der demontierten Bauteile:** Ein vollständig artenreines Sortieren von Bauteilen und Verbindungselementen erwies sich als technisch und wirtschaftlich nicht sinnvoll automatisierbar. So wird beispielsweise bei der Demontage eines Deckels durch Lösen der Deckelschrauben beim Lösen der letzten Schraube stets der Deckel und die Schraube gemeinsam anfallen. Aus diesem Grunde wurde die erzielbare Feinheit der Sortierung darauf beschränkt, jeweils die bei den im Abschnitt 4.2.4 noch zu beschreibenden 15 Demontageschritten gemeinsam anfallenden Bauteile und Verbindungselemente in einem eigenen Auffangbehälter zu erfassen. Die gelösten Bauteile und Verbindungselemente fallen hierbei nach dem schon erwähnten Schwenken des Demontageobjekts durch einen Auffangtrichter in den jeweiligen, über ein Umlaufmagazin bereitgestellten Auffangbehälter.

- **Überwachen der Demontagevorgänge:** Zur Überwachung der ordnungsgemäßen Ausführung von Schraubvorgängen erscheint eine in der Montage neuer Schrauben häufig angewandte Drehmoment-/Drehwinkelüberwachung an den Schraubwerkzeugen zu unsicher, da hierbei eventuell auch abgewürgte Schrauben oder durchrutschende Werkzeuge (bei deformiertem Schraubenkopf) als gelöste Schraubverbindungen erfaßt würden. Aus diesem Grunde wurde ein vergleichsweise einfach aufgebauter, elektrischer Schraubwegaufnehmer konzipiert /53/, mit dessen Hilfe das erfolgte Herausdrehen einer Schraube zuverlässig überwacht werden kann.

Zur Kontrolle der erfolgten Trennung eines Bauteils wurde
darüber hinaus eine Lichtschranke im Auffangtrichter für
die Bauteile vorgesehen, die durchfallende Bauteile re-
gistriert.

4.2.4 Ablauf der automatisierten Demontage

Für die automatisierte Demontage wird das Demontageobjekt
nach der manuellen Vordemontage in den Werkstückpositionie-
rer eingelegt und gespannt. Die Einteilung der darauffolgenden automatisierbaren Haupt-
demontage in technisch und wirtschaftlich sinnvolle automa-
tisierte Demontageschritte hat als **technische** Vorbedingung
zunächst den **Demontage-Vorranggraphen** des Kfz-Vergasers zu
berücksichtigen, aus dem hervorgeht, welche Demontageaufgaben bzw. Demontageschritte **unabhängig voneinander** und damit
zu beliebigen Zeitpunkten im Demontageablauf ausgeführt
werden können (parallel liegende Demontaschritte im Vorranggraphen), und welche **nur nacheinander** ausgeführt werden
können (aufeinanderfolgende Schritte im Vorranggraphen).
Als **wirtschaftliche** Zielgröße ist darüber hinaus anzustre-
ben, den **Anteil der** zwischen den einzelnen Demontageschritten
anfallenden **Nebenzeiten** für die Handhabung von Demontageobjekt und Demontagewerkzeugen, insbesondere jedoch für Werkzeugwechselvorgänge, an der gesamten Demontagezeit möglichst
gering zu halten.

Geht man davon aus, daß Werkzeugwechselvorgänge erheblich
mehr Zeit erfordern als Dreh- und Wendebewegungen des
Werkstückpositionierers oder Bewegungen des Industrieroboters, so sind bei der automatisierten Demontage stets so
viele Verbindungen wie möglich mit dem gleichen Werkzeug,
d.h. soweit es der Demontagevorranggraph gestattet, unmittelbar nacheinander zu demontieren. Bild 24 zeigt den für
den Demontagevorranggraphen des zugrundegelegten Kfz-
Vergasers auf diese Weise ermittelten optimalen Demontageablauf in 15 Demontageschritten.

Zwischen jedem der angegebenen Demontageschritte ist hierbei ein Werkzeug- bzw. Werkzeugeinsatzwechsel und/oder eine Dreh- oder Wendebewegung des Demontageobjekts erforderlich. Aus Bild 24 läßt sich jedoch erkennen, daß bei der gefundenen Einteilung der Demontageschritte mehrmals dasselbe Werkzeug über 3 oder 4 Schritte hinweg beibehalten werden kann.

Bei **störungsfreiem Ablauf** der Demontage fallen dabei pro Demontageschritt die in Bild 24 ebenfalls gezeigten Bauteile und Verbindungselemente an. Weist man jedem Demontageschritt einen eigenen, über das Umlaufmagazin bereitgestellten Auffangbehälter für Bauteile und Verbindungen zu, ergibt sich eine automatische **Sortierung nach** demontierten **Funktionsbaugruppen** des Vergasers, die die in der mechanisierten Demontage nach Bild 23 erzielte Feinheit der Sortierung (nach Art der gelösten Schraubverbindungen) noch übertrifft.

Treten **Störungen im Demontageablauf** auf und werden diese durch die Überwachungseinrichtungen erkannt, so sind hiervon der gerade ausgeführte Demontageschritt sowie die im Demontagevorranggraphen auf den gestörten Demontageschritt folgenden Demontageschritte betroffen. Als Reaktion auf erkannte Störungen kann somit das Überspringen dieser betroffenen Demontageschritte und ein Ausweichen auf die noch verbliebenen, in der vorgesehenen Reihenfolge weiterhin automatisiert durchführbaren Demontageschritte bei der Programmierung des Demontageablaufs vorgesehen werden. Diese laut Bild 24 bei Störungen zu überspringenden Demontageschritte sind dann bei der ohnehin notwendigen manuellen Nachdemontage des Kfz-Vergasers mit auszuführen bzw. nachzuholen.

ABLAUF DER AUTOMATISIERTEN DEMONTAGE EINES KFZ-VERGASERS

Automatisierte Demontageschritte bei Minimierung der Anzahl Werkzeugwechsel

Schritt	Demontierte Bauteile / Baugruppen	Werkzeug, -einsatz
1	Startautomatikgehäuse	Gs, S : 6, 3 / 1,1
2a/b	Starterklappenwellenanbauteile	Ws, SW : 10
3a/b	Drosselklappenwellenanbauteile	Ws, SW : 11
2/3	Starterklappen- / Drosselklappenwelle	Add. ⌀ 6
4	Beschleunigungspumpengehäuse	Gs, S : 5 / 0,6
5	Befestigungs- Verschlußschrauben	Gs, S : 5 / 0,6
6	Einstellschraube	Gs, S : 5 / 0,6
7	Gemischregulierschraube	Gs, S : 5 / 0,6
8	Umluftregulierschraube	Gs, S : 8,5 / 1,5
9	Leerlaufdüse	Gs, S : 8,5 / 1,5
10	Hauptdüsenverschlußschraube	Gs, SW : 13
11	Hauptdüse	Gs, S : 6,3 / 1,1
12	Unterdruckverstellgehäuse	Gs, S : 6,3 / 1,1
13	Vergaserdeckel	Gs, S : 6,3 / 1,1, Gr
14	Luftkorrekturdüse	Gs, S : 6,3 / 1,1
15	Schwimmer	—

Gs = Geradschrauber Ws = Winkelschrauber
Add. = Ausdrückdorn ⌀[mm] Gr = Greifer
S ../. = Schraubendreherklinge : Breite / Dicke [mm]
SW: ..= Sechskantsteckschlüssel : Schlüsselweite [mm]

Demontage-Vorranggraph

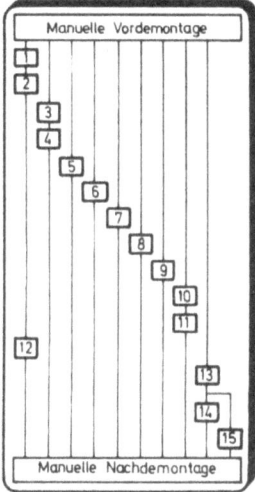

Manuelle Vordemontage

Manuelle Nachdemontage

Reaktion auf Störungen

Bei Störung in Demontageschritt	Betroffene, zu überspringende nachfolgende Demontageschritte
1	2, 12
2	12
3	4
4	—
5	—
6	—
7	—
8	—
9	—
10	11
11	—
12	—
13	14, 15
14	—
15	—

Anfallende Bauteile und Verbindungselemente bei störungsfreiem Demontageablauf

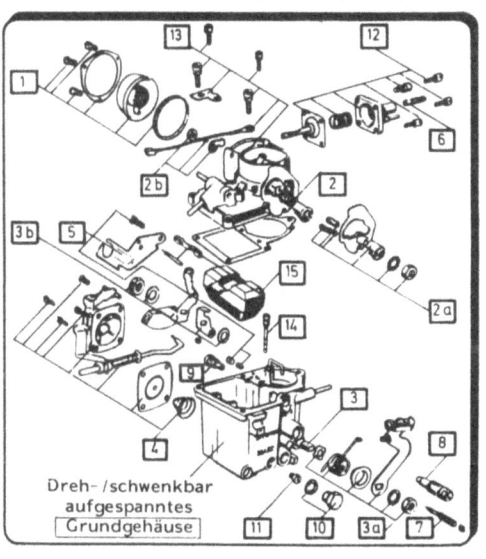

Dreh-/schwenkbar aufgespanntes Grundgehäuse

Bild 24

4.2.5 Einsatzbereich und Anwendungsproblematik

Das Leistungsprofil der konzipierten flexibel automatisierten Demontagezelle läßt ihre prinzipielle **technische** Einsetzbarkeit für Demontageaufgaben an zahlreichen heute in Austauscherzeugnisfertigungen noch weitgehend manuell demontierten Produkten erwarten. Als solche Produkte kommen neben dem behandelten Kfz-Vergaser weitere Kfz-Baugruppen wie Einspritzpumpen, Anlasser, Generatoren, aber auch andere Erzeugnisgruppen wie z.B. Elektrowerkzeuge in Betracht.

Darüber hinaus kann die Demontagezelle auch beim Produktrecycling durch Aufbereitung zum sortenreinen Trennen der Bauteile unterschiedlicher Werkstoffe, das durch Shreddern und nachfolgende Verfahren nicht befriedigend gelingt, eingesetzt werden.

Ein **wirtschaftlicher** Anwendungsbereich der entwickelten Demontagezelle wird aufgrund von vergleichbaren Aufgaben aus dem Montagebereich, die mit Hilfe von Industrierobotern und ähnlicher zugehöriger Peripherie automatisiert werden können /42/, sicherlich nur an der Obergrenze des betriebswirtschaftlich vertretbaren ermittelt werden können. Dieser setzt zumindest eine gute Auslastung (hohe Demontagestückzahlen) und einen störungsfreien Betrieb der Demontagezelle voraus.
Zur Klärung der hier anstehenden Fragen wird die experimentelle Erprobung der Demontagezelle in einer weiterführenden Arbeit beitragen.

5 Erarbeitung von Regeln und Maßnahmen zur konstruktiven Begünstigung des Produktrecycling

5.1 Grundregeln des recyclingorientierten Konstruierens

Die vom Verfasser mit erarbeitete VDI-Richtlinie 2243 "Recyclingorientierte Gestaltung technischer Produkte" /17/ formuliert drei vom Konstrukteur gleichrangig zu berücksichtigende Grundregeln des recyclingorientierten Konstruierens, die den im Abschnitt 2.1 erläuterten drei Recyclingkreislaufarten im Lebenszyklus eines Erzeugnisses zuzuordnen sind:

- Begünstigen des Produktionsabfallrecycling (Grundregel I)
- Begünstigen des Recycling beim Produktgebrauch (Grundregel II)
- Begünstigen des Altstoffrecycling (Grundregel III).

Bild 25 zeigt jeweils wichtige Bestandteile dieser drei Grundregeln und stellt für diese Bestandteile einen Bezug zu den in der vorliegenden Arbeit im Abschnitt 3.1 definierten drei Verfahren des Produktrecycling einerseits und zum Materialrecycling andererseits her.

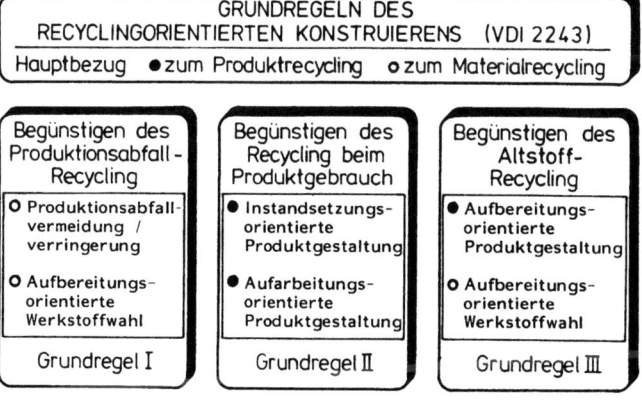

Bild 25

Die im folgenden erarbeiteten Maßnahmen zur konstruktiven Begünstigung des Produktrecycling konzentrieren sich entsprechend der Zielsetzung der Arbeit auf industrielle Austauscherzeugnisfertigungen und gehen somit auf **den zweiten Bestandteil der Grundregel II**, die aufarbeitungsorientierte Produktgestaltung ein.

5.2 Regeln und Maßnahmen zur konstruktiven Begünstigung von Austauscherzeugnisfertigungen

Mit der Berücksichtigung von Pflichten der aufarbeitungsorientierten Produktgestaltung zur konstruktiven Begünstigung von Austauscherzeugnisfertigungen erfährt der Entwicklungs- und Konstruktionsprozeß von Produkten des Maschinenbaus eine zusätzliche Dimension. Zunächst sind hierdurch Forderungen zu vermuten, die anderen geforderten Eigenschaften von Produkten, wie gute Funktions-, Sicherheits-, Herstellverfahrens-, Gebrauchseigenschaften als technische Pflichten, sowie niedrige Herstell- und Gebrauchskosten als wirtschaftliche Pflichten zuwiderlaufen können.
Bild 26 zeigt in Anlehnung an /17/ Regeln und Maßnahmen der aufarbeitungsorientierten Produktgestaltung.

AUFARBEITUNGSORIENTIERTE PRODUKTGESTALTUNG

Allgemeingültige übergreifende Gestaltungsregeln	Maßnahmen zur Begünstigung der fünf Fertigungsschritte in Austauscherzeugnisfertigungen
• Verschleißlenkung auf niederwertige Bauteile • Korrosionsschutz • Baukastensystematik • Standardisierung	• Demontageorientierte Gestaltung • Reinigungsorientierte Gestaltung • Prüf-/ Sortierorientierte Gestaltung • Aufarbeitungsorientierte Gestaltung • Montageorientierte Gestaltung

Bild 26

Betrachtet man diese Regeln und Maßnahmen, so wird deutlich, daß zumindest die in Bild 26 formulierten **allgemeingültigen übergreifenden Gestaltungsregeln** mit geläufigen Pflichten

der Entwicklung und Konstruktion technischer Produkte nicht
kollidieren.
Für die ebenfalls geforderten, nachfolgend an Beispielen
behandelten Maßnahmen **zur Begünstigung der fünf Fertigungsschritte** in Austauscherzeugnisfertigungen wird zu zeigen sein, daß diese in der Regel durchaus ebenfalls ohne
höheren baulichen Aufwand durchzuführen sind, wenn sie
rechtzeitig berücksichtigt werden. In einigen Fällen werden
hierdurch sogar zusätzliche, auch in der Neuproduktion
wirksame Vorteile erkennbar.

Die Auswahl je eines Gestaltungsbeispiels zu den fünf Fertigungsschritten in Austauscherzeugnisfertigungen wurde
hierbei so getroffen, daß **sämtliche** in der Situationsanalyse
im Abschnitt 3.2.2 dargestellte Schwachstellen bzw.
Kostenschwerpunkte in Austauscherzeugnisfertigungen

- bei den Kostenarten (vgl. Bild 16) die **Material-** und die
  Arbeitskosten durch zwei Gestaltungsbeispiele
- bei den Kostenstellen (vgl. Bild 17) die **Demontage-, Bau-
  teileaufarbeitungs-** und **Montage**kosten durch drei Gestaltungsbeispiele

vertreten sind, für die anschauliche konstruktive Abhilfe-
möglichkeiten nachgewiesen werden.

Es kann somit **nicht** Anspruch der Ausführungen sein, **grund-
legende Beiträge** zur Konstruktionsmethodik, die nach VDI
2222 Blatt 1 /54/ dem Ablauf Planen, Konzipieren, Entwer-
fen, Ausarbeiten folgt, aus der Sicht des Produktrecycling
zu leisten.
Absicht ist es vielmehr, diejenigen Aufgaben abzudecken,
die zur **Erfüllung der Zielsetzung** der Arbeit **am wirksamsten**
durch **konstruktive Maßnahmen** gelöst werden können.

5.2.1 Demontageorientierte Gestaltung

Die Demontage wurde in der Kostenstellenrechnung in Austauscherzeugnisfertigungen als Kostenstelle mit bis zu 40 % Anteil an den Herstellkosten ermittelt, vgl. Abschnitt 3.2.2.3, Bild 17. Hauptursache hierfür ist ein hoher Aufwand zum Lösen von schlecht lösbaren und/oder schlecht zugänglichen Verbindungen.

Ziel einer **demontageorientierten Gestaltung** von Produkten des Maschinenbaus muß daher eine **lösbare** und gut **zugängliche Ausführung** der am Produkt verwendeten **Verbindungen** der Bauteile sein. Für die Kriterien "Lösbarkeit" und "Zugänglichkeit" gelten hierbei die Ausführungen des Abschnitts 4.1.3.

Schraubverbindungen sind überwiegend bereits demontagegerecht gestaltet, für Preßverbindungen trifft dies nicht immer zu. Bild 27 zeigt als Beispiel hierzu den in ein Sackloch eingepreßten Paßstift an einem Kfz-Motor und die erarbeitete konstruktive Abhilfemöglichkeit.

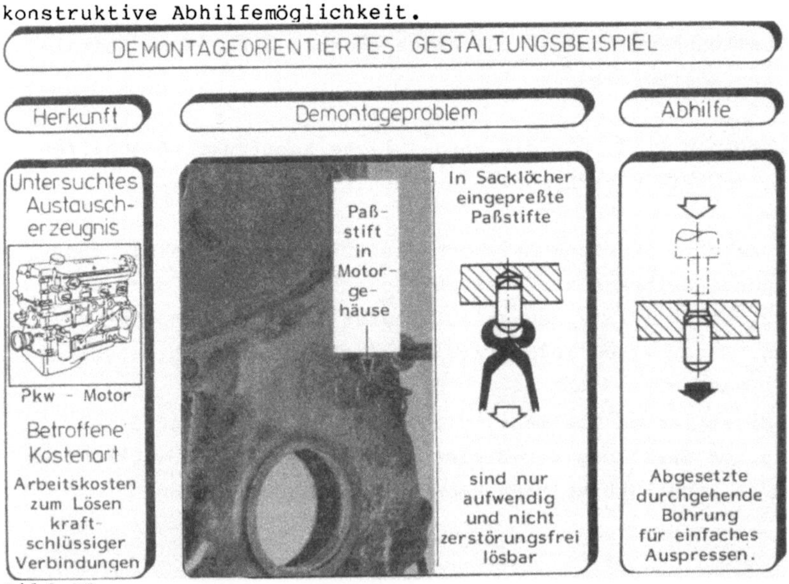

DEMONTAGEORIENTIERTES GESTALTUNGSBEISPIEL

Herkunft	Demontageproblem	Abhilfe
Untersuchtes Austauscherzeugnis Pkw - Motor **Betroffene Kostenart** Arbeitskosten zum Lösen kraftschlüssiger Verbindungen	Paßstift in Motorgehäuse	In Sacklöcher eingepreßte Paßstifte sind nur aufwendig und nicht zerstörungsfrei lösbar	Abgesetzte durchgehende Bohrung für einfaches Auspressen.

Bild 27

5.2.2 Reinigungsorientierte Gestaltung

Die Reinigung fiel in der Kostenstellenrechnung in Austauscherzeugnisfertigungen nicht als herausragende Kostenstelle auf. Sie kann jedoch zur Nichtwiederverwendbarkeit zahlreicher Bauteile und damit zu hohen Materialkosten für Neuteile führen, wenn aggressive Reinigungsmedien die Bauteiloberflächen angreifen und damit beschädigen.

Ziel einer **reinigungsorientierten Gestaltung** muß es daher sein, Produkte und Bauteile so zu gestalten, daß sie sich **für die notwendigen Reinigungsverfahren** und -medien **eignen**.

Für eine in der Situationsanalyse als Hauptkostenträger einer Austauscherzeugnisfertigung von Haushaltsgeräten aufgefallene Glasglocke eines Heißwassergeräts, vgl. Abschnitt 3.2.2.4, Bild 18, waren nicht Bruchschäden, sondern Beschädigungen während der Reinigung ursächlich. Bild 28 zeigt dieses Beispiel und die erarbeitete konstruktive Abhilfemöglichkeit.

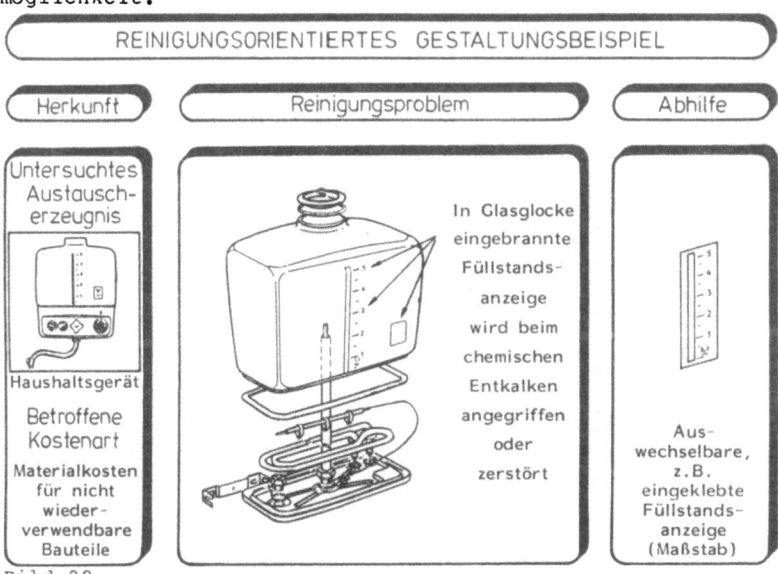

Bild 28

5.2.3 Prüf-/Sortierorientierte Gestaltung

Auch die Prüfung und Sortierung fiel in der Kostenstellenrechnung in Austauscherzeugnisfertigungen zunächst nicht als herausragende Kostenstelle auf. Prüf- und Sortieraufgaben, z.B. für Schrauben, beeinflussen jedoch nicht nur die Arbeitskosten beim Prüfen und Sortieren selbst, sondern auch Arbeitskosten zur Demontage und Montage unterschiedlicher Verbindungen, sowie weitere Kosten für Lagerhaltung, Bestands- und Bestellrechnung zahlreicher unterschiedlicher Kleinteile.

Verbesserungen, die hier durch **Standardisierung**, etwa von Schrauben, erzielt werden können, werden nicht nur in der **Austauscherzeugnisfertigung**, sondern auch in der **Neuproduktion** und im **Ersatzteilwesen** voll wirksam. Bild 29 zeigt als Beispiel hierzu zahlreiche nur ganz gering unterschiedliche Stiftschrauben innerhalb einer Baugruppe eines Kfz-Motors und die erarbeitete konstruktive Abhilfemöglichkeit.

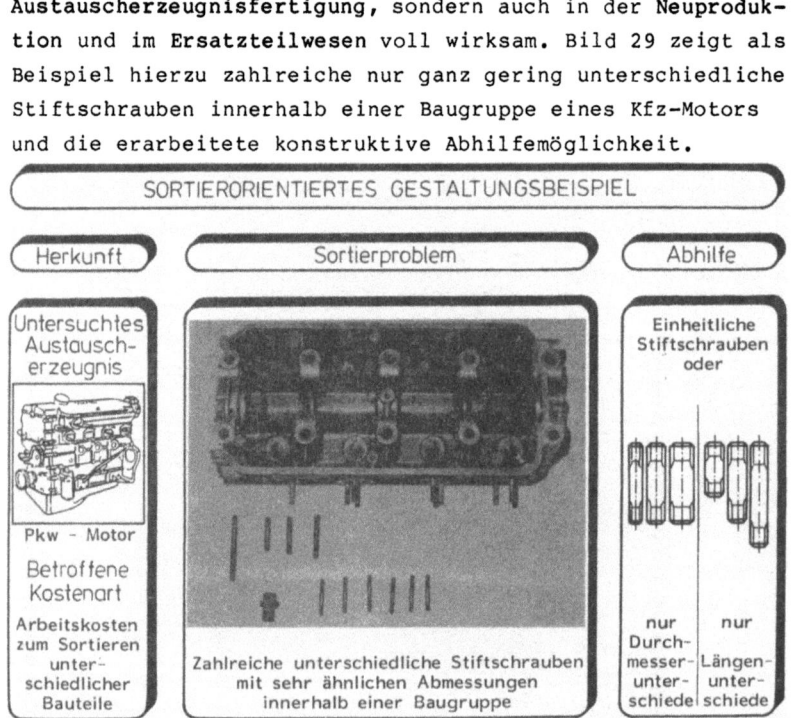

Bild 29

5.2.4 Bauteileaufarbeitungsorientierte Gestaltung

Die Bauteileaufarbeitung wurde in der Kostenstellenrechnung in Austauscherzeugnisfertigungen als Kostenstelle mit 10 bis 45 % Anteil an den Herstellkosten ermittelt, vgl. Abschnitt 3.2.2.3, Bild 17. Meist fehlen jedoch Aufarbeitungsmöglichkeiten an den Bauteilen, so daß geringe Aufarbeitungskosten, dafür aber hohe Materialkosten für Neuteile mit bis zu 70 % Anteil an den Herstellkosten in Austauscherzeugnisfertigungen entstehen, vgl. Abschnitt 3.2.2, Bild 16.

Ziel der **aufarbeitungsorientierten Gestaltung** muß es daher sein, **Aufarbeitungsmöglichkeiten** an Bauteilen zu schaffen. Für ein in der Situationsanalyse als Hauptkostenträger einer Austauscherzeugnisfertigung von Winkelschleifern aufgefallenes Statorgehäuse, vgl. Abschnitt 3.2.2.4, Bild 18, zeigt Bild 30 als Beispiel das dort zugrundeliegende Aufarbeitungsproblem und die erarbeitete konstruktive Abhilfemöglichkeit.

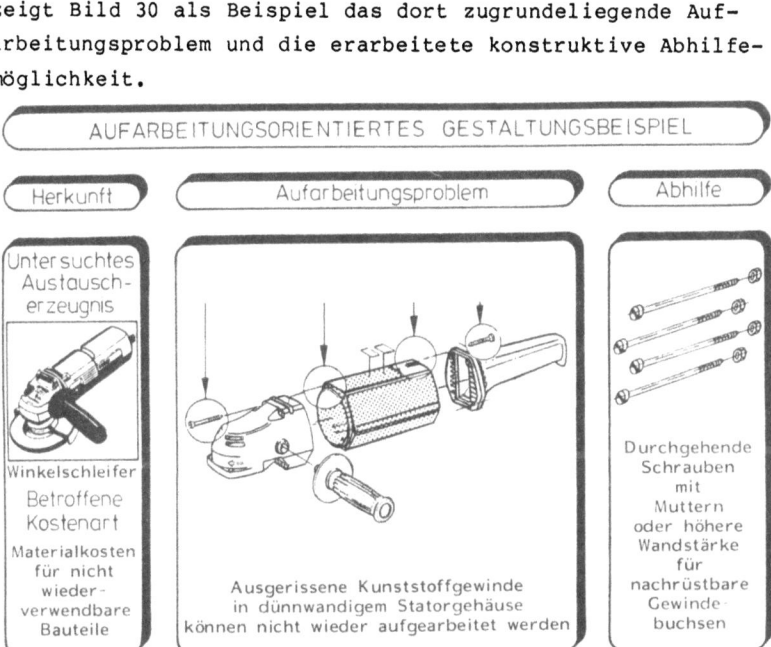

Bild 30

5.2.5 Montageorientierte Gestaltung

Der in der Kostenrechnung ermittelte Anteil der Kostenstelle Montage beträgt 27 bis 40 % an den Herstellkosten in Austauscherzeugnisfertigungen, vgl. Abschnitt 3.2.2.2, Bild 17. Auch die Neuproduktion ist meist mit hohen Montagekosten belastet /41/.

Somit ist die **montageorientierte Gestaltung** von Produkten und Bauteilen wiederum eine Forderung, die für die **Neuproduktion** und die **Austauscherzeugnisfertigung gleichermaßen** gilt und zu Vorteilen führt. Zuweilen sind jedoch auch speziell auf die Austauscherzeugnisfertigung ausgerichtete montageorientierte Gestaltungsziele zu beachten.
Bild 31 zeigt als Beispiel ein Montageproblem und die erarbeitete konstruktive Abhilfemöglichkeit aus der untersuchten Austauscherzeugnisfertigung von Industrierobotern, die höhere Stückzahlen erreicht als die gleichzeitige Neuproduktion desselben Industrieroboters /25/. Dies rechtfertigt den vorgeschlagenen höheren Aufwand in der Neumontage.

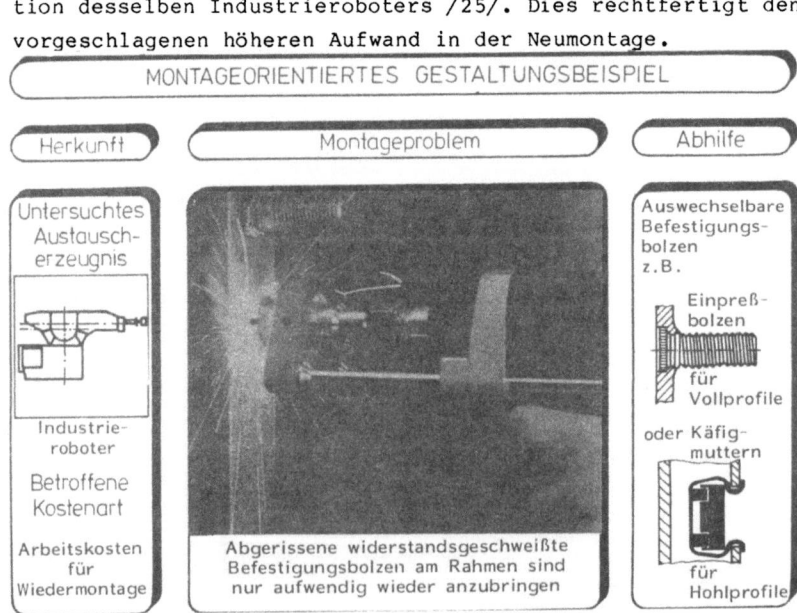

Bild 31

6 Entwicklung eines rechnergestützten Verfahrens zur kostenorientierten Mengenflußoptimierung in Austauscherzeugnisfertigungen

6.1 Modellbildung für Erzeugnis- und Bauteilflüsse in Austauscherzeugnisfertigungen

6.1.1 Struktur und besondere Merkmale von Mengenflüssen in Austauscherzeugnisfertigungen

Kennzeichnend für die Struktur von Erzeugnis- und Bauteilflüssen im Fertigungsablauf von Austauscherzeugnisfertigungen sind die folgenden, von den Gegebenheiten in der Neuproduktion abweichenden Merkmale:

- die **Verzweigung und Wiederzusammenführung** von Erzeugnis- und Bauteilflüssen zu Austauscherzeugnissen in der Austauscherzeugnisfertigung; im Gegensatz zur **Nur-Zusammenführung** von Bauteilflüssen zu Erzeugnissen in der Neuproduktion

- die hinsichtlich Mengenaufkommen und Kosten **gemischte Zusammensetzung der** verschiedenen **Bauteilflüsse** aus nicht wiederverwendbaren = zu erneuernden Bauteilen / nach Aufarbeitung wiederverwendbaren Bauteilen / direkt wiederverwendbaren Bauteilen, die in Austauscherzeugnisfertigungen zudem für jedes Bauteil unterschiedlich ausfällt; im Gegensatz zur **einheitlichen Zusammensetzung** der Bauteilflüsse in z.B. durch Gozintograph ermittelten Mengen in der Neuproduktion.

Beim letztgenannten Merkmal kommt erschwerend hinzu, daß sich die Zusammensetzung der Bauteilflüsse von Fertigungslos zu Fertigungslos verändert, so daß sie nicht vorausplanbar ist, sondern erst unmittelbar im Fertigungsablauf der Austauscherzeugnisfertigung bekannt und steuerbar wird.

Dieses nicht vorhersehbare Mengenaufkommen und der zugehörige Kostenaufwand hängen von den Bauteilezustandsquoten ab und bestimmen den Neuteilebedarf und den Anfall aufzuarbeitender Bauteile für ein Montagelos, wodurch sich erhebliche Schwierigkeiten für die zeit-, mengen- und kostengerechte Bereitstellung neuer, aufgearbeiteter und direkt wiederverwendeter Bauteile für die Montage der Austauscherzeugnisse ergeben.

In dieser Teilebereitstellung liegt der Hauptansatzpunkt für eine Modellbildung der Mengenflüsse in Austauscherzeugnisfertigungen, um kostenorientierte Verbesserungs- und Optimierungsansätze erarbeiten zu können.

6.1.2 Mengenflüsse in Austauscherzeugnisfertigungen bei gleicher Anzahl demontierter und montierter Erzeugnisse

Um den erläuterten Merkmalen bei Erzeugnis- und Bauteilflüssen in Austauscherzeugnisfertigungen Rechnung zu tragen, werden für eine Modellbildung der Mengenflüsse die fünf Fertigungsschritte der Austauscherzeugnisfertigung in drei Bereiche gegliedert

- einen eingangsseitigen Bereich "Teilegewinnung"
- einen zentralen Bereich "Teilebereitstellung"
- einen ausgangsseitigen Bereich "Erzeugnismontage".

Bild 32 zeigt eine Darstellung der Mengenflüsse in diesen drei Bereichen bei gleicher Anzahl demontierter und montierter Erzeugnisse und die sie bestimmenden, nachstehend erläuterten Größen.

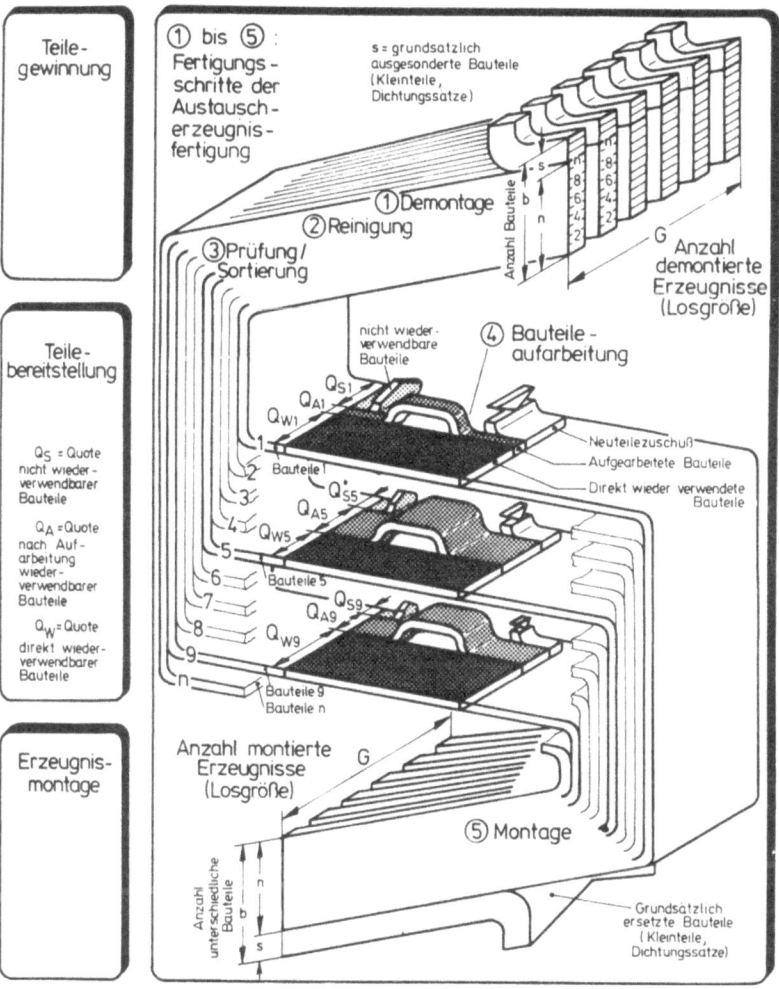

Bild 32

6.1.3 Funktionen der Teilegewinnung

Die Teilegewinnung enthält die ersten drei Fertigungsschritte der Austauschererzeugnisfertigung:

- Demontage der Erzeugnisse (mit Aussonderung der nicht rückgewinnbaren, grundsätzlich ersetzten Bauteile, wie Dichtungssätze, Splinte, Kleinteile usw.)
- Reinigung der demontierten Bauteile
- Prüfung und Sortierung der Bauteile nach Bauteilezuständen,

wie in Bild 32 im oberen Bildteil dargestellt. Die Mengenflüsse in der Teilegewinnung lassen sich im voraus exakt berechnen. Hierzu benötigt man die Größen

G = Losgröße bzw. Grundmenge zu fertigender Austauschererzeugnisse (Montagestückzahl, hier noch gleich der Demontagestückzahl)

b = Anzahl Bauteile pro Erzeugnis, wobei gilt:
b = n + s mit

n = Anzahl zu reinigender und zu prüfender Bauteile pro Erzeugnis (= Anzahl ggf. rückgewinnbarer Bauteile)

s = Anzahl grundsätzlich auszusondernder Bauteile (Dichtungssätze, Kleinteile usw.) pro Erzeugnis

Bild 32 zeigt ein Beispiel für G = 6 Erzeugnisse, b = 13, n = 10 und s = 3 Bauteile pro Erzeugnis.

Mit den genannten Größen errechnen sich die Bauteilflüsse T in der Teilegewinnung mit

$T_D = G \cdot (n + s)$ Anzahl zu demontierender Bauteile

$T_R = G \cdot n$ Anzahl zu reinigende Bauteile

$T_P = G \cdot n$ Anzahl zu prüfender Bauteile

6.1.4 Funktionen der Teilebereitstellung

Die Teilebereitstellung enthält zum einen den vierten Fertigungsschritt der Austauscherzeugnisfertigung, die

- Aufarbeitung der aufzuarbeitenden Bauteile.

Diese Bauteileaufarbeitung ist in Bild 32 jeweils als mittlerer Strang der für die Bauteile mit laufender Nummer 1, 5 und 9 gezeigten Bauteilflüsse dargestellt.

Zum anderen enthält die Teilebereitstellung auch die zur Bauteileaufarbeitung parallel verlaufenden Bauteilflüsse

- Aussonderung der nicht wiederverwendbaren Bauteile/ Ersatz durch Neuteile
- Weiterführung der direkt wiederverwendbaren Bauteile.

Diese sind in Bild 32 für die Bauteile gleicher laufender Nummer jeweils ebenfalls parallel laufend dargestellt.

Die Mengenflüsse in der Teilebereitstellung lassen sich nur mit Hilfe der in der vorangegangenen Bauteileprüfung festgestellten Bauteilezustandsquoten exakt berechnen: Diese sind

Q_S = Quote nicht wiederverwendbarer Bauteile
Q_A = Quote nach Aufarbeitung wiederverwendbarer Bauteile
Q_W = Quote direkt wiederverwendbarer Bauteile.

Mit diesen Quoten und den bereits genannten Größen errechnen sich die Bauteilflüsse T in der Bauteilebereitstellung dann jeweils pro Bauteil der laufenden Nr. i von 1 bis n mit

$T_{S(i)} = Q_{S(i)} \cdot G =$ Anzahl auszusondernder Bauteile der laufenden Nr. i

diese Anzahl ist hier noch gleich

$T_{N(i)} =$ Anzahl erforderlicher Neuteile der laufenden Nr. i

$T_{A(i)} = Q_{A(i)} \cdot G =$ Anzahl nach Aufarbeitung wiederverwendbarer Bauteile der laufenden Nr. i

$T_{W(i)} = Q_{W(i)} \cdot G =$ Anzahl direkt wiederverwendbarer Bauteile der laufenden Nr. i

Hierbei ergeben $T_{N(i)} + T_{A(i)} + T_{W(i)}$ eines Bauteils stets die Menge G, also die Anzahl der für die zu montierenden Erzeugnisse erforderlichen Bauteile.

6.1.5 Funktionen der Erzeugnismontage

Die Erzeugnismontage enthält den fünften Fertigungsschritt der Austauscherzeugnisfertigung, die

- Montage der bereitgestellten neuen, aufgearbeiteten und direkt wiederverwendeten Bauteile, unter Hinzufügung der grundsätzlich ersetzten Bauteile (Dichtungssätze, Kleinteile usw.) zu Austauscherzeugnissen.

Die Mengenflüsse in der Erzeugnismontage sind wiederum im voraus einfach zu berechnen und ergeben als Bauteilfluß T in der Erzeugnismontage

$T_M = G \cdot (n + s) =$ Anzahl zu montierender Bauteile.

6.2 Mengenflußveränderungen und Aufwandsverringerungen in der Teilebereitstellung bei Steigerung des Verhältnisses demontierter zu montierten Erzeugnissen (V_{DM})

6.2.1 Auswirkungen einer gezielten Erhöhung der Demontagestückzahl

Eine vielversprechende Möglichkeit, den erheblichen, meist maßgeblichen Kostenaufwand für notwendige Neuteile und für die Bauteileaufarbeitung in Austauscherzeugnisfertigungen zu verringern, bietet die gesteigerte Bauteilegewinnung aus zusätzlich demontierten Erzeugnissen durch Steigerung des Verhältnisses V_{DM} = demontierte zu montierte Erzeugnisse.

Hierbei bildet nicht nur die zu fertigende Losgröße an Austauscherzeugnissen, also die bereits definierte Grundmenge G, die Montage- und die Demontagestückzahl, sondern darüber hinaus wird eine Zusatzmenge Z an Erzeugnissen demontiert, womit sich dann

$$V_{DM} = \frac{G + Z}{G} \cdot 100 \text{ \%}$$

als Verhältnis demontierter zu montierten Erzeugnissen bzw. Demontagestückzahl zu Montagestückzahl ergibt. Dem erhöhten Demontageaufwand stehen überproportionale Einsparungen an Neuteile- und gegebenenfalls Bauteileaufarbeitungsaufwand gegenüber.

6.2.2 Pauschale Bestimmung charakteristischer Zusatzmengen zusätzlich zu demontierender Erzeugnisse

Bild 33 greift zur Veranschaulichung der durch Erhöhung der Demontagestückzahl bewirkten Mengenflußveränderungen und Aufwandsverringerungen einen der Bauteileflüsse aus der Teilebereitstellung in der Darstellung nach Bild 32 heraus.

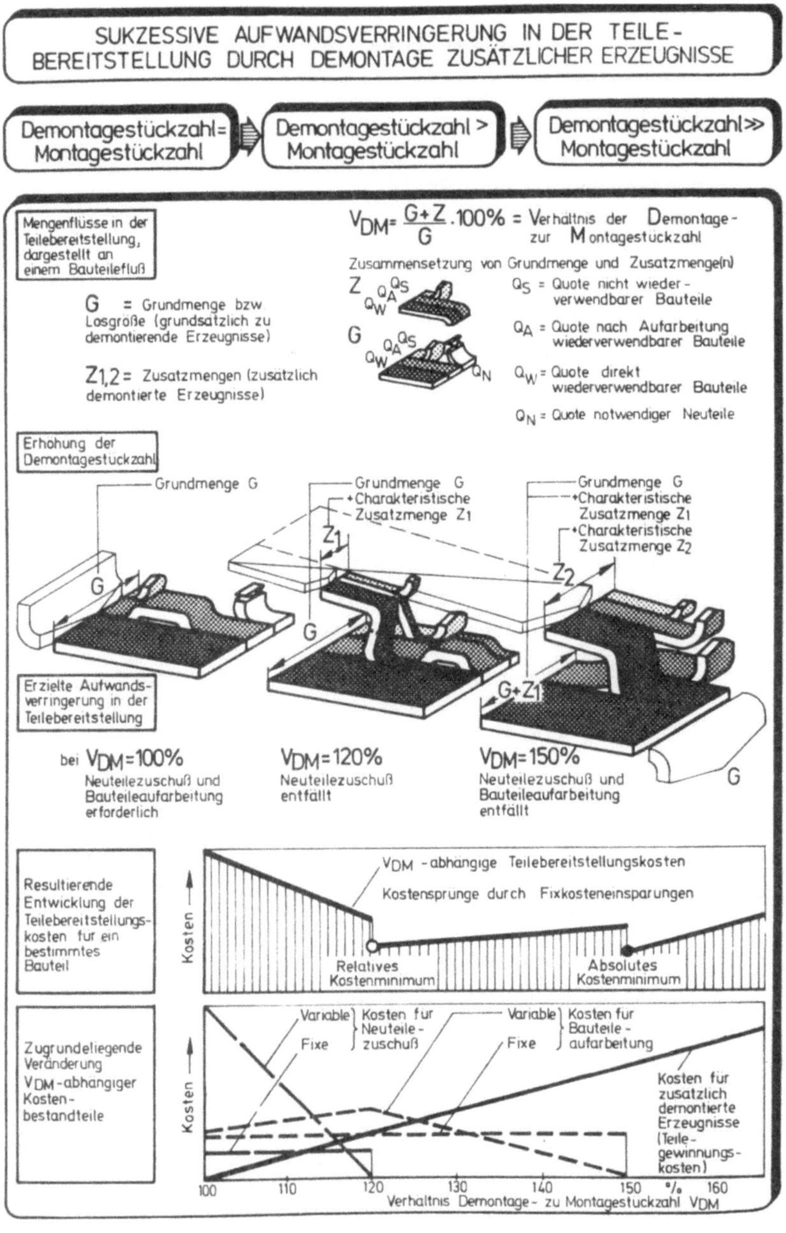

SUKZESSIVE AUFWANDSVERRINGERUNG IN DER TEILE-BEREITSTELLUNG DURCH DEMONTAGE ZUSÄTZLICHER ERZEUGNISSE
Demontagestückzahl = Montagestückzahl
Demontagestückzahl > Montagestückzahl
Demontagestückzahl ≫ Montagestückzahl
Mengenflüsse in der Teilebereitstellung, dargestellt an einem Bauteilefluß
$V_{DM} = \frac{G+Z}{G} \cdot 100\%$ = Verhältnis der Demontage- zur Montagestückzahl
Zusammensetzung von Grundmenge und Zusatzmenge(n)
G = Grundmenge bzw. Losgröße (grundsätzlich zu demontierende Erzeugnisse)
$Z_{1,2}$ = Zusatzmengen (zusätzlich demontierte Erzeugnisse)
Q_S = Quote nicht wiederverwendbarer Bauteile
Q_A = Quote nach Aufarbeitung wiederverwendbarer Bauteile
Q_W = Quote direkt wiederverwendbarer Bauteile
Q_N = Quote notwendiger Neuteile
Erhöhung der Demontagestückzahl
Grundmenge G
Grundmenge G + Charakteristische Zusatzmenge Z_1
Grundmenge G + Charakteristische Zusatzmenge Z_1 + Charakteristische Zusatzmenge Z_2
Z_1
Z_2
G
G+Z_1
Erzielte Aufwandsverringerung in der Teilebereitstellung
bei V_{DM}=100% Neuteilezuschuß und Bauteileaufarbeitung erforderlich
V_{DM}=120% Neuteilezuschuß entfällt
V_{DM}=150% Neuteilezuschuß und Bauteileaufarbeitung entfällt
Resultierende Entwicklung der Teilebereitstellungskosten für ein bestimmtes Bauteil
V_{DM}-abhängige Teilebereitstellungskosten
Kostensprünge durch Fixkosteneinsparungen
Kosten
Relatives Kostenminimum
Absolutes Kostenminimum
Zugrundeliegende Veränderung V_{DM}-abhängiger Kostenbestandteile
Variable / Fixe Kosten für Neuteilezuschuß
Variable / Fixe Kosten für Bauteileaufarbeitung
Kosten für zusätzlich demontierte Erzeugnisse (Teilegewinnungskosten)
100 110 120 130 140 150 % 160
Verhältnis Demontage- zu Montagestückzahl V_{DM}

Bild 33

In Bildmitte links, bei V_{DM} = 100 %, ist entsprechend Bild 32 als Ersatz für die Menge T_S nicht wiederverwendbarer Bauteile noch ein Neuteilezuschuß gleicher Menge T_N erforderlich; auch die nach Aufarbeitung wiederverwendbaren Bauteile werden aufgearbeitet.
Bei V_{DM} = 120 % entfällt dieser Neuteilezuschuß - an seine Stelle treten die nach Aufarbeitung wiederverwendbaren und die direkt wiederverwendbaren Bauteile aus der Zusatzmenge demontierter Erzeugnisse. Dies entspricht einer charakteristischen Zusatzmenge Z_1.
Bei weiterer Steigerung des Verhältnisses V_{DM} erreicht man bei V_{DM} = 150 % eine charakteristische Zusatzmenge Z_2 - hier entfällt auch die Bauteileaufarbeitung, da die zu fertigenden Austauscherzeugnisse nunmehr vollständig aus direkt wiederverwendbaren Bauteilen der demontierten Grundmenge und der Zusatzmengen Z_1 und Z_2 montiert werden können.

6.2.3 Resultierende Veränderungen V_{DM}-abhängiger Kostenbestandteile

Die mit der erläuterten Veränderung von Mengenflüssen einhergehende Veränderung V_{DM}-abhängiger Kostenbestandteile zeigt Bild 33 im unteren Bildteil.

Die durch Steigerung von V_{DM} zusätzlich gewonnenen Bauteile treten zunächst an die Stelle der vorher notwendigen zuzuschießenden Neuteile. Somit sinken die Neuteilezuschußkosten zunächst variabel, während ein leichter Anstieg der variablen Bauteileaufarbeitungskosten und der Teilegewinnungskosten entsteht. Bei der charakteristischen Zusatzmenge Z_1 entfällt der Bedarf an Neuteilen völlig, so daß auch fixe Kosten für die nun vermiedene Neuteilebeschaffung entfallen - eine in der Praxis tatsächlich merklich spürbare Entlastung der Logistikaufgaben für die Teilebereitstellung neuer Bauteile; insbesondere dann, wenn Erzeugnisse fremder Hersteller oder in der Neuserie ausgelaufene Erzeugnisse aufgearbeitet werden, was die Ersatzteilebeschaffung we-

sentlich erschwert.
Den hier eintretenden Kostensprung zeigt Bild 33 als ein
erstes relatives Kostenminimum der Teilebereitstellungskosten.

Erhöht man die Demontagestückzahl weiter, sinken auch die
variablen Kosten für die Bauteileaufarbeitung, da man an
ihrer Stelle vermehrt direkt wiederverwendbare Bauteile aus
den zusätzlich demontierten Erzeugnissen verwenden kann.
Bei der charakteristischen Zusatzmenge Z_2 entfallen dann
auch bestimmte fixe Kostenbestandteile für die Bauteileaufarbeitung - eine in der Praxis ebenfalls spürbare sprunghafte Kostenentlastung, da einerseits das "quasifixe" Kosten
verursachende Personal zur Bauteileaufarbeitung nunmehr für
die erweiterten Demontageaufgaben herangezogen werden kann,
und andererseits auch Vorrichtungen, die bei herstellerungebundenen Aufarbeitungsbetrieben in der Regel nicht vorhanden sind, nunmehr für aufzuarbeitende Bauteile nicht mehr
besonders aufgebaut werden müssen.
Den hier eintretenden zweiten Kostensprung zeigt Bild 33 als
absolutes Kostenminimum der Teilebereitstellungskosten.

6.2.4 Anforderungsgerechte Ermittlung gesamtkostenoptimaler
Zusatzmengen zusätzlich zu demontierender Erzeugnisse

Die in Bild 33 für ein bestimmtes Bauteil gezeigte Entwicklung der Teilebereitstellungskosten bei Steigerung von V_{DM}
hat in der Praxis für jedes unterschiedliche Bauteil des
Austauscherzeugnisses einen eigenen Verlauf. Dieser hängt
von den Quoten Q_S, Q_A und Q_W sowie von den Neuteile- und den
Bauteileaufarbeitungskosten des jeweiligen Bauteils ab und
ergibt unterschiedliche Kostenentwicklungen sowie charakteristische Zusatzmengen Z_1 und Z_2 für jedes Bauteil der laufenden Nr. i von 1 bis n.
Über das gesamte Austauscherzeugnis gesehen, lassen sich
somit die charakteristischen Zusatzmengen Z_1 und Z_2 nicht
pauschal ermitteln. Auch Fixkostensprünge werden, über alle
Bauteile gesehen, nicht ausgeprägt auftreten.

Bild 34 zeigt die sich hieraus ergebende Problematik der Ermittlung gesamtkostenoptimaler Zusatzmengen zusätzlich zu demontierender Erzeugnisse. Das gezeigte Bauteil mit der laufenden Nr. 1 repräsentiert hierbei die Kostenentwicklung des in Bild 33 gezeigten Bauteils mit den dort ermittelten charakteristischen Zusatzmengen Z_1 und Z_2. Bei fünf weiteren Bauteilen mit den laufenden Nr. 2 bis 6 treten jeweils eigene, unterschiedliche Kostenentwicklungen sowie bauteilspezifische charakteristische Zusatzmengen Z_1 und Z_2 auf. Für die darüber hinaus gezeigten Bauteile der laufenden Nr. 7 bis n gibt es keine charakteristischen Zusatzmengen - dies rührt daher, daß die Bauteile zu 100 % direkt wiederverwendet oder zu 100 % ersetzt werden - hier können somit auch aus zusätzlich demontierten Erzeugnissen gewonnene Bauteile keine Kosteneinsparung bewirken.

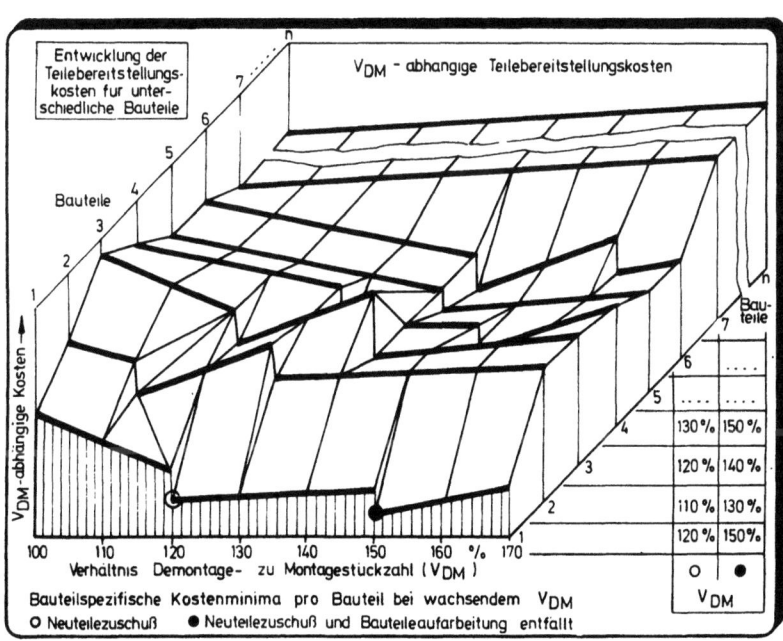

Bild 34

Aufgabe eines Optimierungsverfahrens muß es daher sein, diejenige Zusatzmenge und damit ein V_{DM} zu ermitteln, bei der die Summe aller bauteilebezogenen Einzelentwicklungen der Teilebereitstellungskosten ein Minimum ergibt.

6.3 Aufbau der Optimierungsalgorithmen

6.3.1 Quantifizierung von Mengenflüssen in Abhängigkeit von Bauteilezustandsquoten

Das nachfolgend dargestellte Optimierungsverfahren zur Quantifizierung und kostenorientierten Optimierung von Mengenflüssen in Austauscherzeugnisfertigungen durch Ermittlung eines gesamtkostenoptimalen Verhältnisses V_{DM} = demontierte zu montierten Erzeugnissen geht von einer vorgegebenen Montagestückzahl G aus, hält diese konstant und variiert die Demontagestückzahl G + Z.

Dieser Weg entspricht in der überwiegenden Zahl der Fälle den Anforderungen aus der Praxis, wo meist eine bestimmte Losgröße von Austauscherzeugnissen für eine bestimmte Marktnachfrage als Montagestückzahl herzustellen ist. Hierzu sucht man dann die kostenoptimale Demontagestückzahl, um diese aus den Beschaffungsmärkten für Alterzeugnisse zu beziehen.

Auch der umgekehrte Weg - eine feste Demontagestückzahl vorhandener Alterzeugnisse als Ausgangsposition und die Suche der kostenoptimalen Montagestückzahl der hieraus bei minimalen Kosten pro gefertigtes Austauscherzeugnis zu montierenden Losgröße - kommt in der Praxis vor.
Vom Rechengang her bieten beide Wege prinzipiell ähnliche Optimierungsmöglichkeiten; daher wird nachfolgend nur die Vorgehensweise beim erstgenannten Weg erläutert.

Unabhängig von der Optimierungsaufgabe ist jedoch stets
eine genaue Quantifizierung der Mengenflüsse innerhalb
und außerhalb der Austauscherzeugnisfertigung notwendig.
Diese Mengenflüsse werden von den drei Bauteilezustandsquoten nicht wiederverwendbarer/ nach Aufarbeitung wiederverwendbarer/ direkt wiederverwendbarer Bauteile bestimmt.

Diese Bauteilezustandsquoten können entweder als Erfahrungswerte bzw. längerfristige Durchschnittswerte in die
Optimierungsrechnung eingehen - dann dient diese Rechnung
zur längerfristigen Disposition von Demontage- und Montagestückzahlen und dort als Leitlinie für Beschaffungsentscheidungen bezüglich Alterzeugnissen, für Absatzprognosen
von Austauscherzeugnissen, usw.

Die Bauteilezustandsquoten können jedoch auch für ein gerade
bearbeitetes Los zu fertigender Austauscherzeugnisse aktuell
erfaßt und verarbeitet werden - dann dient die Optimierungsrechnung Entscheidungen zur kurzfristigen Kostenbeeinflussung
und ermöglicht damit eine reaktionsschnelle Kostenrechnung,
die den Besonderheiten der Austauscherzeugnisfertigung gewachsen ist, wie im Abschnitt 3.2.2.3 gefordert.

6.3.2 Bauteilebezogene Ermittlung von Bereitstellungsmengen
neuer, aufgearbeiteter und direkt wiederverwendeter
Bauteile

Die bei Erhöhung der Demontagestückzahl sich ergebenden und
erwünschten Verschiebungen der Mengen neuer, aufgearbeiteter
und direkt wiederverwendeter Bauteile erfordern eine genaue
Berechnung der erforderlichen Teilebereitstellungsmengen.

Bild 35 zeigt die Mengenflüsse für drei Bauteile mit unterschiedlichen Bauteilezustandsquoten für eine gegenüber der
Montagestückzahl eineinhalbfache Demontagestückzahl. Dies
entspricht einem V_{DM} von 150 %.

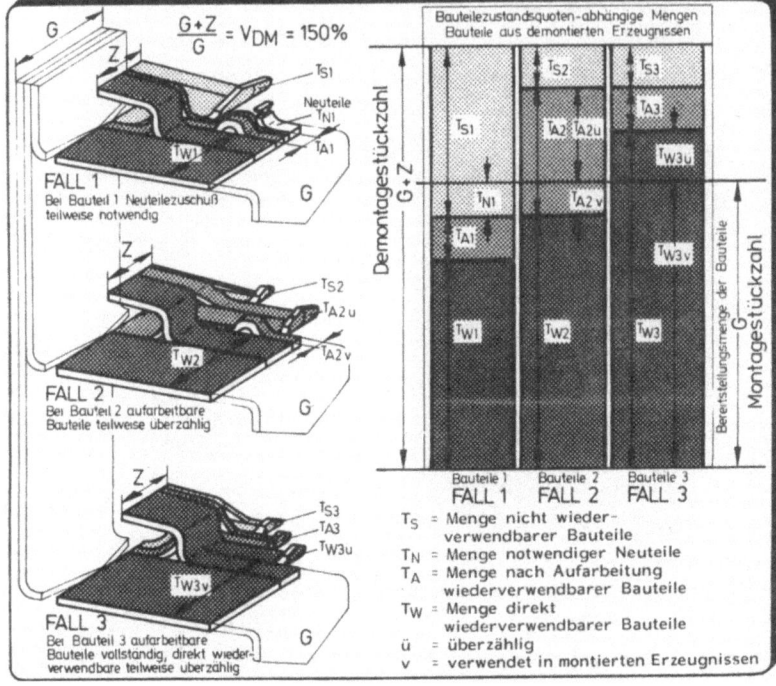

Bild 35

Die aus den demontierten Erzeugnissen **gewonnenen** Bauteilemengen T errechnen sich analog Abschnitt 6.1.3 mit

$T_{S(i)} = Q_{S(i)} \cdot (G + Z)$ = Anzahl nicht wiederverwendbarer Bauteile der laufenden Nr. i

diese Anzahl ist **hier nicht mehr gleich**

$T_{N(i)}$ = Anzahl erforderlicher Neuteile der laufenden Nr. i
Weiterhin gilt

$T_{A(i)} = Q_{A(i)} \cdot (G + Z)$ = Anzahl nach Aufarbeitung wiederverwendbarer Bauteile der laufenden Nr. i

$T_{W(i)} = Q_{W(i)} \cdot (G + Z)$ = Anzahl direkt wiederverwendbarer Bauteile der laufenden Nr. i

Auch diese beiden Mengen müssen nicht mehr den notwendigen Bereitstellungsmengen aufgearbeiteter und direkt wiederverwendeter Bauteile entsprechen.

Wie in Bild 35 erkennbar, ist zum einen nicht nur die erforderliche Neuteilemenge bei einem bestimmten $V_{DM} \geq 100$ % nun geringer als die ermittelte Menge nicht wiederverwendbarer Bauteile (FALL 1 in Bild 35) bzw. entfällt wie beabsichtigt (FALL 2 und FALL 3 in Bild 35). Bei einigen Bauteilen fallen so jedoch auch überzählige aufarbeitbare Bauteile (FALL 2 in Bild 35) oder gar überzählige direkt wiederverwendbare Bauteile (FALL 3 in Bild 35) an, die in den montierten Erzeugnissen "nicht unterzubringen" sind. Diese Mengen sind in Bild 35 als $T_{A(i)ü}$ bzw. $T_{W(i)ü}$ dargestellt.

Für die kostenorientierte Optimierung des Verhältnisses V_{DM} muß daher für jede gerade betrachtete variable Zusatzmenge Z_x auf möglicherweise entstehende überzählige Mengen aufarbeitbarer oder direkt wiederverwendbarer Bauteile geachtet werden. Nur die für die Montagestückzahl verwendeten Bauteilmengen $T_{A(i)v}$ und $T_{W(i)v}$ dürfen ausgewiesen und für die nachfolgende Ermittlung der bauteilebezogenen Teilebereitstellungskosten angesetzt werden. Geschähe dies nicht, d.h. würden auch die in den montierten Austauscherzeugnissen "nicht unterzubringenden" Bauteile aufgearbeitet, wäre ein Teil der durch die Steigerung von V_{DM} erzielten Kosteneinsparungen durch unnütz getriebenen Bauteileaufarbeitungsaufwand vertan.

Somit hat die Berechnung der bauteilebezogenen Bereitstellungsmengen $T_{N(i)}$, $T_{A(i)v}$ und $T_{W(i)v}$ für $V_{DM} = \dfrac{G+Z_x}{G} \cdot 100\ \%$ mit variabler Zusatzmenge Z_x gemäß Bild 35 nach folgender Fallunterscheidung zu erfolgen:

$0 \leq Z_x \leq T_{S(i)}$: FALL 1 mit

$T_{N(i)} = Q_{S(i)} \cdot (G + Z_x) - Z_x =$ Anzahl notwendiger Neuteile der laufenden Nr. i

$T_{A(i)} = Q_{A(i)} \cdot (G + Z_x) =$ Anzahl aufzuarbeitender Bauteile der laufenden Nr. i

$T_{W(i)} = Q_{W(i)} \cdot (G + Z_x) =$ Anzahl direkt wiederverwendeter Bauteile der laufenden Nr. i

$T_{S(i)} < Z_x \leq T_{S(i)} + T_{A(i)}$: FALL 2 mit

$T_{N(i)} = 0$

$T_{A(i)v} = (Q_{S(i)} + Q_{A(i)}) \cdot (G + Z_x) - Z_x$

$T_{W(i)v} = Q_{W(i)} \cdot (G + Z_x)$

$T_{S(i)} + T_{A(i)} < Z_x$: FALL 3 mit

$T_{N(i)} = 0$
$T_{A(i)} = 0$
$T_{W(i)} = G$

6.3.3 Ermittlung zugehöriger Teilebereitstellungskosten durch Platzkostenrechnung

Sind die bauteilebezogenen Bereitstellungsmengen neuer, aufzuarbeitender und direkt wiederverwendeter Bauteile für eine Zusatzmenge Z_x ermittelt, so sind als nächster Schritt in Richtung einer kostenorientierten Optimierung von

$$V_{DM} = \frac{G + Z_x}{G} \times 100 \text{ \%}$$

die diesen Bereitstellungsmengen zugehörigen Teilebereitstellungkosten zu berechnen.

Für fremdbezogene Neuteile wird hierbei der Bezugspreis angesetzt. Für direkt wiederverwendete Bauteile fallen keine Teilebereitstellungskosten an - diese sind in der vorangegangenen Teilegewinnung (Demontage, Reinigung, Prüfung) schon entstanden. Für eigengefertigte Neuteile und für aufzuarbeitende Bauteile findet die Platzkostenrechnung Anwendung.

Dabei ist es **unabdingbar, nach beeinflußbaren fixen und nach variablen Kostenbestandteilen soweit zu trennen,** daß zumindest die erläuterten Kosteneinsparungsmöglichkeiten durch Wegfall von Fixkostenbestandteilen der Neuteilebeschaffung oder Bauteileaufarbeitung bestimmter Bauteile in der Rechnung auch erkannt werden und ausgenutzt werden können. Ist in der Bauteileaufarbeitung freie Kapazität vorhanden, d.h. werden die Fixkosten überwiegend als nicht beeinflußbar angesehen, sollten dies somit zumindest die stückzahlunabhängigen Teilebereitstellungskosten sein. Dies sind in der Neuteilebeschaffung die **Bestellabwicklungskosten,** in der Bauteileaufarbeitung die **Rüstkosten** der zur Bauteileaufarbeitung eingesetzten Werkzeugmaschinen. Sie müssen daher getrennt angesetzt und den variablen Kosten der V_{DM}-abhängig aufzuarbeitenden Bauteile als eigener Block zugeschlagen werden, wenn für ein betrachtetes V_{DM} noch aufzuarbeitende Bauteile diese Werkzeugmaschinen belegen. Dies deshalb, weil kurz vor Erreichen der charakteristischen Zusatzmengen Z_1 oder Z_2 eines Bauteils möglicherweise nur noch ein einziges Bauteil zu beschaffen oder aufzuarbeiten ist, für das die gesamten stückzahlunabhängigen Kosten anfallen. Dieses Bauteil läßt sich dann durch geringfügige Steigerung von V_{DM} mit Sicherheit kostengünstiger aus wenigen weiteren zusätzlich demontierten Erzeugnissen gewinnen. Diesen Effekt sollte die Rechnung auch ausweisen. Somit ist stets auch die für das betrachtete V_{DM} bestehende Belegung der Werkzeugmaschinen zur Bauteileaufarbeitung zu ermitteln, die Bild 36 für anwachsendes V_{DM} zeigt.

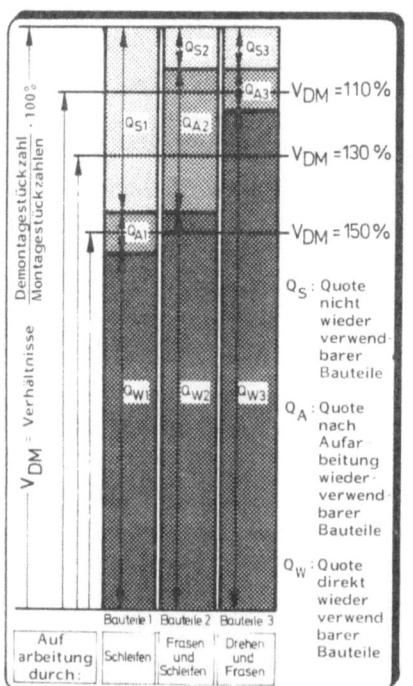

Bild 36

Unabhängig von der erzielbaren Feinheit der Trennung in fixe und variable Kosten der Neuteilebeschaffung und der Bauteileaufarbeitung sind für jedes Bauteil der laufenden Nr. i von 1 bis n die **Kosten der Teilebereitstellung** als

KNT(i) = Kosten für Neuteile der laufenden Nr. i
KAU(i) = Kosten für aufgearbeitete Bauteile der laufenden Nr. i

vermindert um die Schrotterlöse

KSE(i) = Erlöse für nicht wiederverwendbare Bauteile einschließlich gegebenenfalls überzählige Bauteile der laufenden Nr. i, die zur Aufbereitung veräußert werden,

wie folgt zu berechnen:

Bekannt sein müssen die Größen

KN(i)	= Kosten eines Neuteils der laufenden Nr. i
KS(i)	= Schrotterlös für ein Bauteil der laufenden Nr. i
FKA(i)	= Fertigungslohnkosten der Aufarbeitung eines Bauteils der laufenden Nr. i
MKA(i)	= Maschinenkosten der Aufarbeitung eines Bauteils der laufenden Nr. i
RFZU	= Restfertigungsgemeinkostenzuschlag der Bauteileaufarbeitung
BABWK(i)	= **B**estell**ab**wicklungs**k**osten der Beschaffung von Bauteilen der lfd. Nr. i
RUESTA(i)	= **Rüst**kosten der zur **A**ufarbeitung von Bauteilen der laufenden Nr. i belegten Werkzeugmaschinen
BFIXN	= **B**ereichs**fix**kosten der **N**euteilebeschaffung
BFIXA	= **B**ereichs**fix**kosten der Bauteile**a**ufarbeitung

Dann ergeben sich die Teilebereitstellungskosten TBK(i) mit

$$KNT(i) = T_{N(i)} \cdot KN(i) + BABWK(i) + \frac{BFIXN}{n}$$

= Kosten für Neuteile der laufenden Nr. i

$$KAU(i) = T_{A(i)v} \cdot (FKA(i) \cdot (1 + RFZU) + MKA (i))$$
$$+ RUESTA(i) + \frac{BFIXA}{n}$$

= Kosten für aufgearbeitete Bauteile der laufenden Nr. i

$$KSE(i) = KS(i) \cdot (T_{S(i)} + T_{A(i)ü} + T_{W(i)ü}) = \text{Schrotterlöse}$$

zu TBK(i) = KNT(i) + KAU(i) - KSE(i)
 = Teilebereitstellungskosten eines Bauteils der laufenden Nr. i

Die gesamten Teilebereitstellungkosten TBK für alle Bauteile der laufenden Nr. i von 1 bis n ergeben sich mit

$$TBK = \sum_{i=n}^{n} TBK (i)$$

6.3.4 Ermittlung entsprechender Teilegewinnungs- und Erzeugnismontagekosten durch differenzierte Zuschlagskalkulation

Die für eine Demontagestückzahl G + Z_x sowie eine Montagestückzahl G geltenden Teilegewinnungskosten bzw. Erzeugnismontagekosten werden durch differenzierte Zuschlagskalkulation ermittelt.

In der Teilegewinnung müssen bekannt sein:

BKAA = Beschaffungskosten pro Alterzeugnis im Austausch (Grundmenge)

BKAZ = Beschaffungskosten pro zusätzliches Alterzeugnis
       (Zusatzmenge)
FKTG = Fertigungslohnkosten für Teilegewinnung
     = Demontage, Reinigung, Prüfung eines Erzeugnisses
MHTG = Material-/Hilfsstoffkosten für Teilegewinnung aus
       einem Erzeugnis
FGZTG = Fertigungsgemeinkostenzuschlag der Teilegewinnung
MGZTG = Materialgemeinkostenzuschlag der Teilegewinnung

Dann ergeben sich die Teilegewinnungskosten TGK als

TGK = BKAA . G + BKAZ . Z_x
    + FKTG . (G + Z_x) . (1 + FGZTG)
    + MHTG . (G + Z_x) . (1 + MGZTG)

In der Erzeugnismontage müssen bekannt sein:

EMLK = Erzeugnismontage-Lohnkosten
EMMK = Erzeugnismontage-Material-/Hilfsstoffkosten
EMFGZ = Fertigungsgemeinkostenzuschlag in der Erzeugnismontage
EMMGZ = Materialgemeinkostenzuschlag der Erzeugnismontage

Dann ergeben sich die Erzeugnismontagekosten EMK als
EMK = EMLK . G . (1 + EMFGZ)   + EMMK . G . (1 + EMMGZ)

6.3.5 Ermittlung der Herstellkosten und der Selbstkosten
      pro aufgearbeitetem Erzeugnis

Die Herstellkosten HK pro aufgearbeitetem Erzeugnis errechnen sich als Summe der Teilegewinnungs-, Teilebereitstellungs- und Erzeugnismontagekosten dividiert durch die Montagestückzahl:

$$HK = \frac{TGK + TBK + EMK}{G}$$

Hierauf sind noch die Verwaltungs- und Vertriebsgemeinkostenzuschläge VVGZ sowie etwaige Sondereinzelkosten SEK (in Austauscherzeugnisfertigungen z.B. Lizenzgebühren bei Aufarbeitung von Erzeugnissen fremder Hersteller) zu addieren.

Dann ergeben sich Selbstkosten SK pro aufgearbeitetem Erzeugnis mit

$$SK = HK (1 + VVGZ) + SEK$$

Bild 37 zeigt die Bestandteile der entwickelten Kostenrechnung für Austauscherzeugnisfertigungen und ihre Abhängigkeit von V_{DM} nochmals im Überblick.

KOSTENRECHNUNG IN AUSTAUSCHERZEUGNISFERTIGUNGEN UND IHRE ABHÄNGIGKEIT VOM VERHÄLTNIS V_{DM} = ANZAHL DEMONTIERTER ZU MONTIERTEN ERZEUGNISSEN

Kosten	Kostenbestandteile	● abhängig ○ unabhängig von variablem V_{DM}
Teilegewinnungskosten TGK	○ BKAA ● BKAZ ● FKTG ○ FGZTG ● MHTG ○ MGZTG	Beschaffungskosten für Alterzeugnisse im Austausch Beschaffungskosten für zusätzliche Alterzeugnisse Fertigungslohnkosten Teilegewinnung Fertigungsgemeinkosten Teilegewinnung Material-/Hilfsstoffkosten Teilegewinnung Material-/Hilfsstoffgemeinkosten Teilegewinnung
Teilebereitstellungskosten TBK	● KNT Neuteilekosten { ● KN ● BABWK ○ BFIXN } ● KAU Bauteileaufarbeitungskosten { ● FKA ○ RFZU ● MKA ● RUESTA ○ BFIXA } ● KSE	Kosten Neuteile Bestellabwicklungskosten Bereichsfixkosten Neuteilebeschaffung Aufarbeitungslohnkosten Restfertigungsgemeinkosten Aufarbeitungsmaschinenkosten Rüstkosten belegter Maschinen Bereichsfixkosten Bauteileaufarbeitung Schrotterlöse (Aufbereitung nicht wiederverwendbarer und überzähliger Bauteile)
Erzeugnismontagekosten EMK	○ EMLK ○ EMFGZ ○ EMMK ○ EMMGZ	Fertigungslohnkosten Erzeugnismontage Fertigungsgemeinkosten Erzeugnismontage Material-/Hilfsstoffkosten Erzeugnismontage Material-/Hilfsstoffgemeinkosten Erzeugnismontage
Herstellkosten HK	TGK + TBK + EMK	
Selbstkosten SK	HK + { ○ VVGZ ○ SEK }	Verwaltungs-/Vertriebsgemeinkosten Sondereinzelkosten pro montiertem Erzeugnis

Bild 37

6.3.6 Errechnung eines Gesamtoptimums für V_{DM}

Das gesamtkostenoptimale V_{DMopt} ist dasjenige Verhältnis der Demontagestückzahl $G + Z_{opt}$ zur Montagestückzahl G, bei dem die Herstellkosten bzw. die Selbstkosten pro aufgearbeitetem (montierten) Erzeugnis ein Minimum bilden.

Hierbei ist es für die Praxis nicht nur sinnvoll und wünschenswert, ausschließlich V_{DMopt} und damit die optimale Zusatzmenge Z_{opt} der zusätzlich zu demontierenden Erzeugnisse für ein zu montierendes Los von Austauscherzeugnissen mit den zugehörigen minimalen Herstellkosten bzw. Selbstkosten zu kennen.

Vielmehr sollten darüber hinaus auch die bei anderen Werten der Zusatzmenge Z_x sich ergebenden Herstellkosten kalkulatorisch ermittelt werden, beispielsweise wenn die in der Rechnung ermittelte gesamtkostenoptimale zusätzliche Demontagestückzahl Z_{opt} derzeit am Beschaffungsmarkt nicht verfügbar ist. In solchen Fällen dient das Rechenverfahren dann der Kalkulation der Herstellkosten bzw. des Erzeugnispreises für ein vorgewähltes bzw. maximal zu verwirklichendes Verhältnis V_{DM}.

Wie Bild 38 anhand des typischen Verlaufs der Herstellkosten in Austauscherzeugnisfertigungen in Abhängigkeit von V_{DM} zeigt, lassen sich nämlich auch bei Verhältnissen der Demontagestückzahl zur Montagestückzahl, die nicht V_{DMopt} entsprechen, bereits erhebliche Kostenvorteile gegenüber dem häufig (aufgrund fehlender Kostenrechnungsverfahren) in der Praxis gewählten Verhältnis $V_{DM} = 100$ % erzielen.

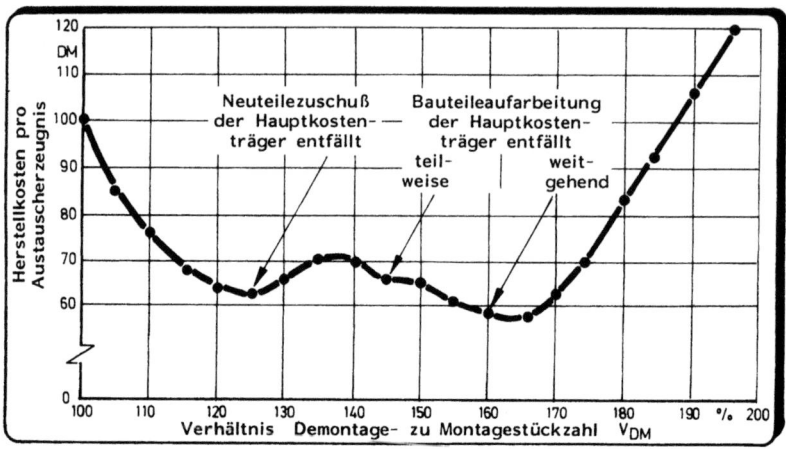

Bild 38

Für das nachstehend erläuterte Rechenprogramm zur Durchführung der erläuterten Kostenrechnung in Austauscherzeugnisfertigungen stellt sich somit die Aufgabe, nicht nur V_{DMopt} und die zugehörigen minimalen Herstellkosten zu errechnen, sondern alle in einem sinnvoll vorzugebenden Bereich, z.B. V_{DM} von 100 bis 200 % in 5 %-Schritten sich ergebenden Herstellkosten pro aufgearbeitetem Erzeugnis zu ermitteln, wie in Bild 38 bereits dargestellt.

6.4 Rechenprogramm RECOVERY

Die zur kostenorientierten Mengenflußoptimierung und für die Berechnung der Herstellkosten bei Variation von V_{DM} erforderliche Vielzahl an notwendigen Einzelberechnungen von Mengen und Kosten, die durchzuführenden Fallunterscheidungen, die zu ermittelnde Maschinenbelegung in der Bauteileaufarbeitung sowie eine übersichtlich verdichtete, für Planungs- und Dispositionsaufgaben geeignete Darstellung der Rechenergebnisse sind nur bei Rechnerunterstützung mit vertretbarem Aufwand zu bewerkstelligen:

Bei einem Austauscherzeugnis mit 11 betrachteten Bauteilen und drei unterschiedlichen zur Bauteileaufarbeitung eingesetzten Werkzeugmaschinen beispielsweise geht zwar noch eine überschaubare Anzahl von Stückzahl-, Quoten- und Kostenangaben in die Berechnung ein; zur Ermittlung der Herstellkosten bei unterschiedlichem V_{DM} bzw. Z_x sind jedoch bereits 4.448 Einzelberechnungen von Mengen und Kosten durchzuführen.

Hierfür wurde das Programm RECOVERY, ein Rechenprogramm zur optimierten Verwendung recyclierter Bauteile, in den Programmiersprachen FORTRAN für eine Rechenanlage des mittleren Leistungsbereichs, sowie in der Programmiersprache BASIC für einen Rechner des Leistungsbereichs Personal Computer entwickelt.

6.4.1 Aufbau und Inhalt des Rechenprogramms

Bild 39 zeigt Aufbau und Inhalt des entwickelten Rechenprogramms RECOVERY mit den in den Abschnitten 6.1 bis 6.3 erläuterten Eingabegrößen zur Durchführung des entwickelten Optimierungsverfahrens, sowie die vom Programm ausgegebenen Ergebnisse im Überblick.
Der vollständige Eingabedialog sowie die Ergebnisausgabe des Programms sind im Anhang dokumentiert und werden daher nachstehend zur Erläuterung von Bild 39 nur kurzgefaßt dargestellt.

6.4.2 Eingabegrößen

Das Programm fragt über ein Benutzermenü und das Eingabemenü, Bild 40, die für die Berechnung notwendigen Eingabegrößen ab.

In der Eingabemaske 1: **Basisdaten** sind Erzeugnisbezeichnung, Anzahl der zu betrachtenden Erzeugnisbauteile (für eine V_{DM}-Optimierung genügen hierfür die Hauptkostenträger mit 80 % Anteil an den Kosten für neue und aufgearbeitete Bauteile;

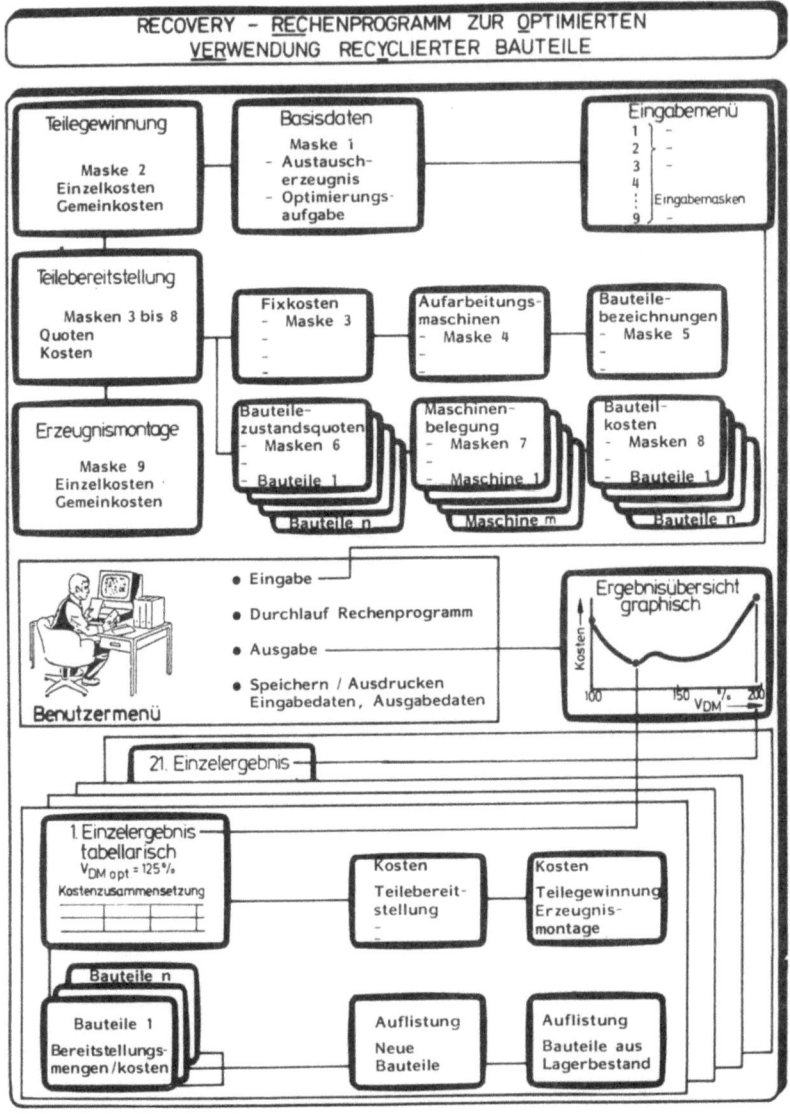

Bild 39

```
        RECHENPROGRAMM RECOVERY EINGABEMENÜ


BITTE DIE NUMMER DES BEREICHES IN DEM SIE EINGEBEN WOLLEN

1  BASISDATEN
            ***TEILEDEMONTAGE:***
2  KOSTEN DEMONTAGE/REINIGUNG/PRUEFUNG
               ***TEILEBEREITSTELLUNG:***
3  BEREICHSFIXKOSTEN/GEMEINKOSTENZUSCHLAEGE
4  BEZEICHNUNGEN/RUESTKOSTEN BAUTEILEAUFARBEITUNGS-
5  BEZEICHNUNGEN BAUTEILE                 MASCHINEN
6  ZUSTANDSABHAENGIGE QUOTEN DER BETRACHTETEN BAUTEILE
7  VERTEILUNG DER AUFZUARBEITENDEN BAUTEILE AUF DIE
8  BAUTEILKOSTEN               AUFARBEITUNGSMASCHINEN

               ***ERZEUGNISMONTAGE:***
9  KOSTEN MONTAGE/PRUEFUNG/VERPACKUNG


M  MENUE
```

Bild 40

gemäß Abschnitt 3.2.2.3, Bild 18 sind dies bei zahlreichen Austauscherzeugnissen weniger als zehn Bauteile), zu montierende Losgröße (Montagestückzahl), höchstzulässige Demontagestückzahl (G + Z_{max}) sowie Verwaltungs- und Vertriebsgemeinkostenzuschläge und Sondereinzelkosten pro montiertem Austauscherzeugnis einzugeben.

In der Eingabemaske 2: **Teilegewinnung** sind die zur Berechnung der Teilegewinnungskosten gemäß Abschnitt 6.3.4 notwendigen Kostengrößen einzugeben.

In den Eingabemasken 3 bis 8: **Teilebereitstellung** sind die zur Berechnung der Teilebereitstellungsmengen und -kosten gemäß Abschnitt 6.3.3 notwendigen Bauteilezustandsquoten und Kostengrößen einzugeben. Darüber hinaus fragt das Programm auch für jedes Bauteil einen etwa vorhandenen **Lagerbestand** an aufarbeitbaren oder direkt wiederverwendbaren Bauteilen (z.B. aufgrund vorhandener überzähliger Bauteile aus früher gefertigten Losen) ab, der bei der Berechnung der Teilebereitstellungsmengen berücksichtigt wird.

In der Eingabemaske 9: **Erzeugnismontage** sind die zur Berechnung der Erzeugnismontagekosten gemäß Abschnitt 6.3.4 notwendigen Größen einzugeben.

6.4.3 Ausgabegrößen

Nach Durchlauf des Rechenprogramms erscheint zunächst als 1. **Einzelergebnis das** für V_{DMopt} gültige **optimale Ergebnis** mit niedrigsten Herstellkosten bzw. Selbstkosten pro gefertigtem Austauscherzeugnis als **tabellarisches Ausgabeschirmbild**. Hierbei werden die für die zu fertigende Losgröße zu demontierende Demontagestückzahl $G + Z_{opt}$ sowie die wichtigsten Bestandteile der Teilegewinnungs-, Teilebereitstellungs- und Erzeugnismontagekosten in einer Tabelle ausgegeben, Bild 41.

```
RECHENPROGRAMM RECOVERY
   1. EINZELERGEBNIS TABELLARISCH


###############################################################################
         ***OPTIMALES ERGEBNIS******ERZEUGNIS: WASSERPUMPE***
         ***VERHAELTNIS DEMONTAGE/MONTAGE V D/M: 1.06***
 DEMONTAGESTUECKZAHL: 530           MONTAGESTUECKZAHL: 500
 KOSTENZUSAMMENSETZUNG      PRO ERZEUGNIS:        PRO MONTAGELOS:
 KOSTEN GEWINNUNG:          DM       3.47         DM     1733.00
 KOSTEN TEILEBEREITSTELLUNG: DM     10.59         DM     5292.58
 DAVON
   NEUTEILEKOSTEN:          DM       9.40         DM     4698.80
   AUFARBEITUNGKOSTEN:      DM       1.20         DM      598.08
   VERSCHROTTUNGSKOSTEN:    DM      -0.01         DM       -4.30
 KOSTEN MONTAGE:            DM       2.20         DM     1100.00
 DDDDDDDDDDDDDDDDDDDDDDDDDDDDDDDDDDDDDDDDDDDDDDDDDDDDDDDDDDDDDDDDD
 HERSTELLUNGSKOSTEN:        DM      16.25         DM     8125.58
 VERWALTUNGSGEMEINKOSTEN:   DM       0.81         DM      406.28
 SONDEREINZELKOSTEN:        DM       5.00         DM     2500.00
 HHHHHHHHHHHHHHHHHHHHHHHHHHHHHHHHHHHHHHHHHHHHHHHHHHHHHHHHHHHHHHHHH
 SELBSTKOSTEN:              DM      22.06         DM    11031.86

###############################################################################
```

Bild 41

Über weitere Ausgabeschirmbilder werden die detaillierte Zusammensetzung der Kosten in diesen drei Bereichen sowie die bauteilebezogenen Bereitstellungsmengen neuer, aufgearbeiteter und direkt wiederverwendeter Bauteile angegeben.
Eine Auflistung der zu beschaffenden Neuteile und der aus gegebenenfalls vorhandenen Lagerbeständen zu entnehmenden Bauteile ergänzt die Darstellung des Einzelergebnisses für ein bestimmtes V_{DM}, vgl. auch Bild 39.

Darüber hinaus lassen sich über eine grafische Darstellung des Gesamtergebnisses mit den Selbstkosten in Abhängigkeit von V_{DM}, Bild 42, 20 weitere Einzelergebnisse in 5 %-Schritten (von $Z = 0$ über $0,05$ Z_{max} bis $1,0$ Z_{max} mit denselben Ausgabeschirmbildern anwählen, vgl. auch Bild 39.

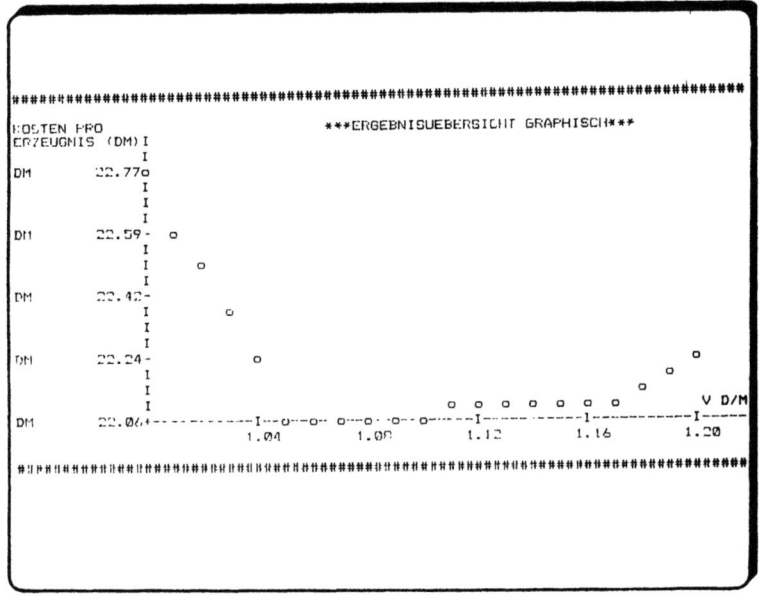

Bild 42

6.4.4 Betrieb des Rechenprogramms auf einer Rechenanlage des mittleren Leistungsbereichs

Das Rechenprogamm RECOVERY wurde zunächst auf der institutseigenen Rechenanlage DEC VAX 11/780 implementiert. Hiermit lassen sich Austauscherzeugnisfertigungen mit Erzeugnissen bis zu 1.000 unterschiedlichen Bauteilen pro Erzeugnis sowie mit bis zu 100 unterschiedlichen zur Bauteileaufarbeitung eingesetzten Werkzeugmaschinen und Arbeitsplätzen kostenorientiert optimieren.

Es zeigte sich jedoch, daß die hierfür erforderliche Rechenkapazität nur in Ausnahmefällen in Anspruch genommen werden muß - in der Regel wird die Optimierungsrechnung von lediglich ca. 5 unterschiedlichen Bauteilen (vgl. Abschnitt 3.2.2.3, Bild 18) und ca. 5 unterschiedlichen Werkzeugmaschinen und Arbeitsplätzen zur Bauteileaufarbeitung kostenmäßig maßgeblich geprägt.

6.4.5 Betrieb des Rechenprogramms auf einem Rechner des Leistungsbereichs Personal Computer

Um das entwickelte Rechenprogramm auch der in der industriellen Aufarbeitungspraxis im Regelfall verfügbaren Rechnerkapazität zugänglich zu machen, wurde das Rechenprogramm RECOVERY darüber hinaus auch auf einem Rechner des Leistungsbereichs Personal Computer mit 512 KB Arbeitsspeicher implementiert. Hiermit lassen sich Austauscherzeugnisfertigungen mit Erzeugnissen mit bis 25 betrachteten Bauteilen pro Erzeugnis sowie mit bis zu 20 zur Bauteileaufarbeitung eingesetzten Werkzeugmaschinen und Handarbeitsplätzen kostenorientiert optimieren.

Diese Rechnerleistung reicht für sämtliche der in der vorliegenden Arbeit in der Situationsanalyse untersuchten Austauscherzeugnisfertigungen aus.

6.4.6 Rechenergebnisse und ermittelte Verbesserungspotentiale

Die Ergebnisse der kostenorientierten Mengenflußoptimierung in unterschiedlichen Austauscherzeugnisfertigungen ergaben im Mittel ein Einsparungspotential zwischen 25 und 35 % der Selbstkosten bei einer Steigerung des Verhältnisses V_{DM} von den praxisüblichen 100 % auf eine Größenordnung zwischen 115 bis 165 %.

6.4.7 Weiterentwicklung des Programms für Optimierungsaufgaben höherer Ordnung

Eine in industriellen Austauscherzeugnisfertigungen vielfach geübte Praxis ist es, Austauscherzeugnisse einer derzeit vom Markt geforderten aktuellen Modellreihe sowohl aus identischen Alterzeugnissen als auch aus Alterzeugnissen einer früheren Modellreihe zu fertigen. Hierbei sind aus den Alterzeugnissen der früheren Modellreihe nicht alle Bauteile mit den Bauteilen der gefertigten aktuellen Modellreihe kompatibel - nur die identischen Bauteile können den andersartigen Alterzeugnissen entnommen und verwendet werden. Diese identischen Bauteile aus den andersartigen Alterzeugnissen sind zudem meist mit anderen Bauteilezustandsquoten behaftet, da die Alterzeugnisse früherer Modellreihen in der Regel bereits eine höhere Gebrauchsdauer aufweisen. Da Alterzeugnisse früherer Modellreihen jedoch häufig in ausreichender Stückzahl und zu sehr niedrigen Kosten verfügbar sind, ist die oben beschriebene Praxis somit durchaus ein technisch und wirtschaftlich erfolgreiches Recyclingverfahren und wird daher häufig angewandt.

Die Ermittlung einer gesamtkostenoptimalen Zusatzmenge zusätzlich zu demontierender Erzeugnisse, die einerseits variabel ist, sich andererseits aus zwei unterschiedlichen Erzeugnissen mit voneinander abweichenden Bauteilezustandsquoten zusammensetzt, ergibt eine Optimierungsaufgabe höherer Ordnung.
Sie läßt sich jedoch in einem prinzipiell vergleichbaren Rechengang durchführen und wurde daher als Weiterentwicklung des Rechenprogramms RECOVERY ebenfalls auf einem Rechner des Leistungsbereichs Personal Computer implementiert.
Hierbei ergeben sich dann nicht nur 21 Einzelergebnisse für $Z_x = 0$ über $Z_x = 0,05$ bis $1,0$ Z_{max}, sondern zu jedem dieser Einzelergebnisse wiederum 21 Ergebnisse für unterschiedlich gemischte Zusammensetzungen der Zusatzmenge von 0 % / 100 %; 5 % / 95 % ... bis ... 95 % / 5 %; 100 % / 0 % aus iden-

tischem Alterzeugnis / andersartigem Alterzeugnis, insgesamt
somit 21 x 21 = 441 Einzelergebnisse.

Es zeigte sich, daß die Rechenleistung eines Personal Computers auch hier für die Optimierung von Austauscherzeugnisfertigungen mit Erzeugnissen mit bis zu 25 unterschiedlichen Bauteilen pro Erzeugnis sowie mit bis zu 20 zur Bauteileaufarbeitung eingesetzten Werkzeugmaschinen und Arbeitsplätzen ausreicht, wenn der Rechner die 441 Einzelergebnisse zunächst vorsortiert, nur das beste Einzelergebnis vollständig verfügbar hält und die übrigen Einzelergebnisse auf Abruf in der Ausgaberoutine berechnet.

6.4.8 Grenzen logistischer Verbesserungsmöglichkeiten und ergänzende Verbesserungsansätze

Eine fühlbare Kostensenkung in Austauscherzeugnisfertigungen durch kostenorientierte Mengenflußoptimierung über eine Steigerung der Verhältnisses V_{DM} gelingt nicht bei sehr hohen Quoten nicht wiederverwendbarer Bauteile eines Hauptkostenträgers in der Austauscherzeugnisfertigung.

Liegt diese Quote beispielsweise bei $Q_S = 0,9$, müßte zur Gewinnung von genügend aufarbeitbaren und direkt wiederverwendbaren Bauteilen aus zusätzlich demontierten Erzeugnissen das Verhältnis V_{DM} auf 1.000 % gesteigert werden. Dies erweist sich dann als nicht wirtschaftlich durchführbar.

In solchen Fällen muß als ergänzender Verbesserungsansatz die Entwicklung neuer Aufarbeitungsverfahren für Bauteile vorangetrieben werden, um damit auch die bisher nicht wiederverwendbaren Bauteile aufarbeiten zu können und damit mehr wiederverwendbare Bauteile zu gewinnen. Dieser Ansatz wurde als weitere Maßnahmengruppe zur Senkung des Aufwandes für zuzuschießende Neuteile in Abschnitt 3.3.3 angesprochen.

Als Beispiel hierfür zeigt Bild 43 eine durch Entwicklung eines einfachen neuen Bauteileaufarbeitungsverfahrens erzielte Senkung der Bauteilezustandsquote Q_S von 0,8 auf 0,1 an einem Gehäusedeckel aus einer in der Situationsanalyse untersuchten Austauscherzeugnisfertigung von Kfz-Vergasern /51/.

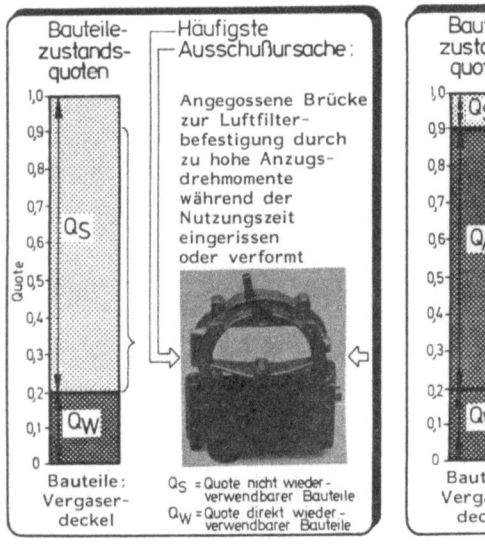
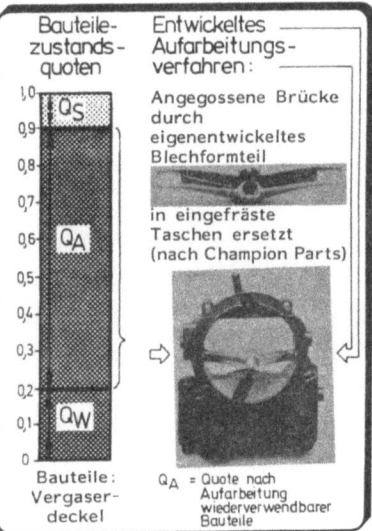

Bild 43

7 Erarbeitung von Entscheidungs- und Planungsinstrumentarien zum Produktrecycling im Maschinenbau

7.1 Entscheidungsregeln zur Priorisierung sich ergänzender und sich ersetzender Verfahren des Produktrecyling

Beim Ausscheiden eines Produkts aus einer Nutzungsphase ist das in der vorliegenden Arbeit schwerpunktmäßig behandelte industrielle Aufarbeiten in Austauscherzeugnisfertigungen nicht in allen Fällen das bestgeeignete Produktrecyclingverfahren.

Daher stellt sich (vgl. Abschnitt 3.1.1, Bild 8) zunächst stets die Aufgabe der Priorisierung eines der drei Produktrecyclingverfahren Instandsetzung, Aufarbeitung oder Aufbereitung. Für die Auswahl des technisch und wirtschaftlich den größten Erfolg versprechenden Produktrecyclingverfahrens werden nachfolgend die wichtigsten produktseitigen Einflußgrößen behandelt und daraus Entscheidungsregeln für die Anwendungsbereiche der drei Verfahren erarbeitet.

7.1.1 Durch Produktrecycling rückgewinnbare Wertschöpfung aus der Neuproduktion

Wichtigstes Ziel bei der Auswahl des bestgeeigneten Produktrecyclingverfahrens ist es stets, ein Höchstmaß der in der Neuproduktion des Produkts geschaffenen Wertschöpfung zu erhalten bzw. zurückzugewinnen.
Dieses Maß der im Recycling zurückgewonnenen Wertschöpfung repräsentiert den Erfolg des gewählten Produktrecyclingverfahrens.

Wertet man als wichtige Bestandteile der Wertschöpfung in der Neuproduktion den Wert von Material, Fertigung und Montage, Bild 44, so ist offensichtlich, daß durch Aufbereitung lediglich der Materialwert, durch Aufarbeitung der Material- und der Fertigungswert, durch Instandsetzung der Material-, der Fertigungs- und der Montagewert aus der Neuproduktion grundsätzlich rückgewinnbar sind.

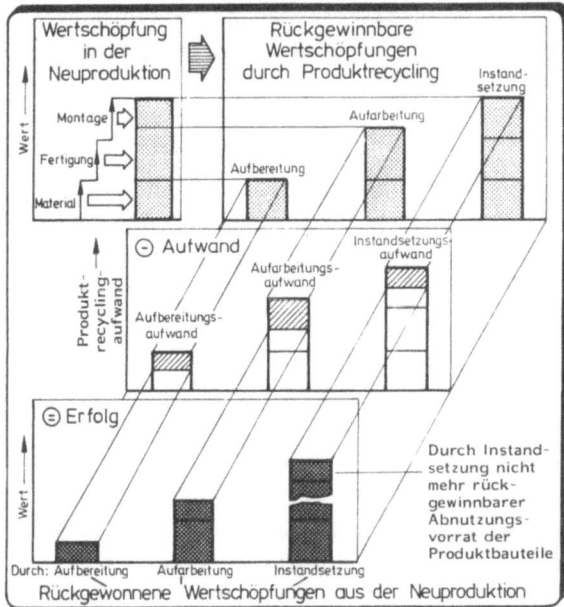

Bild 44

Bringt man den für das jeweilige Produktrecyclingverfahren erforderlichen Aufwand in Abzug, ergibt sich dann die tatsächlich rückgewonnene Wertschöpfung aus der Neuproduktion als Erfolg des Produktrecyclingverfahrens. Folgt man der Darstellung in Bild 44, so verspricht naturgemäß die Instandsetzung hier zunächst den größten erzielbaren Erfolg - hierbei ist allerdings einschränkend zu berücksichtigen, daß durch Instandsetzen lediglich ein Teil des ursprünglichen Abnutzungsvorrats des Produkts (vgl. Abschnitt 3.1.4, Bild 11), nicht jedoch der gesamte ursprüngliche Abnutzungsvorrat und damit nicht die ursprünglich dem Produkt innewohnende Wertschöpfung zurückgewonnen werden.

Die beiden folgenden Abschnitte behandeln die **wertschöpfungsbedingten Einflußgrößen** auf die Priorisierung eines Produktrecyclingverfahrens hiervon unabhängig nach **Einflüssen aus der Neuproduktion** und nach **Einflüssen aus der Produktnutzungszeit**.

7.1.2 Einfluß der Anteile der Wertschöpfungsbestandteile aus der Neuproduktion

Stellt man die Berücksichtigung der unterschiedlichen Anhebung des Abnutzungsvorrats durch die Produktrecyclingverfahren Instandsetzung und Aufarbeitung zunächst zurück, so bilden die Verhältnisse der drei Wertschöpfungsbestandteile Materialwert, Fertigungswert und Montagewert aus der Neuproduktion zueinander wichtige Entscheidungsgrößen, für welches Produktrecyclingverfahren ein betrachtetes Produkt besonders prädestiniert erscheint. Die sich hieraus ergebenden Entscheidungsregeln zeigt Bild 45.

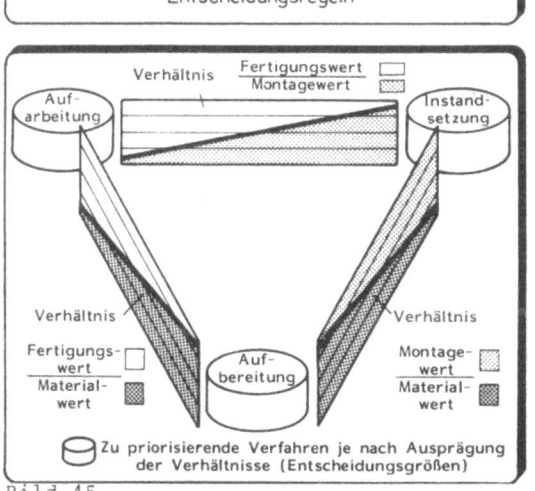
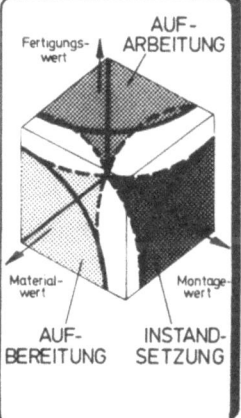

Bild 45

Mit diesen Entscheidungsregeln ermittelt man

- bei hohem anteiligen Materialwert die Aufbereitung,
- bei hohem anteiligen Fertigungswert die Aufarbeitung,
- bei hohem anteiligen Montagewert die Instandsetzung.

als bevorzugt anzuwendende Produktrecyclingverfahren.

Die in Bild 45 im rechten Bildteil dargestellen **Anwendungsbereiche der drei Produktrecyclingverfahren wachsen** dabei **mit steigendem Absolutwert der einzelnen Wertanteile exponentiell an**, so daß sich die drei Anwendungsbereiche bei Produkten mit absolut gesehen hohem Material-, Fertigungs- und Montagewert **überschneiden** werden.
Dies läßt sich an Praxisbeispielen aus dem Maschinenbau leicht belegen: Für eine Werkzeugmaschine beispielsweise, die hohen Material-, Fertigungs- und Montageaufwand in der Neuproduktion verursacht und somit als Wertschöpfung beinhaltet, sind in der Praxis Produktrecyclinganwendungen gleichermaßen durch Instandsetzungen während einer Nutzungsphase, durch Aufarbeitung einschließlich Modernisierung nach einer Nutzungsphase, sowie durch Aufbereitung nach Ende der letzten Nutzungsphase vorzufinden. Hier werden somit die Einflüsse aus der Produktnutzungszeit bei der Priorisierung eines der Produktrecyclingverfahren wirksam:

7.1.3   Einfluß des Recyclingaufwandes sowie der Innovation und der Abnutzung während der Produktnutzungszeit.

Von der durch eines der drei Produktrecyclingverfahren jeweils rückgewinnbaren Wertschöpfung ist stets der für das Produktrecyclingverfahren zu treibende Recyclingaufwand in Abzug zu bringen. Dieser schmälert somit den Erfolg des Produktrecyclingverfahrens.
Ob dieser Recyclingaufwand als technisch und wirtschaftlich sinnvoll einzustufen ist, kann durch das Verhältnis **Recyclingaufwand zu rückgewonnener Wertschöpfung** quantifiziert

werden und ist in Bild 46 als erste Entscheidungsregel
veranschaulicht.

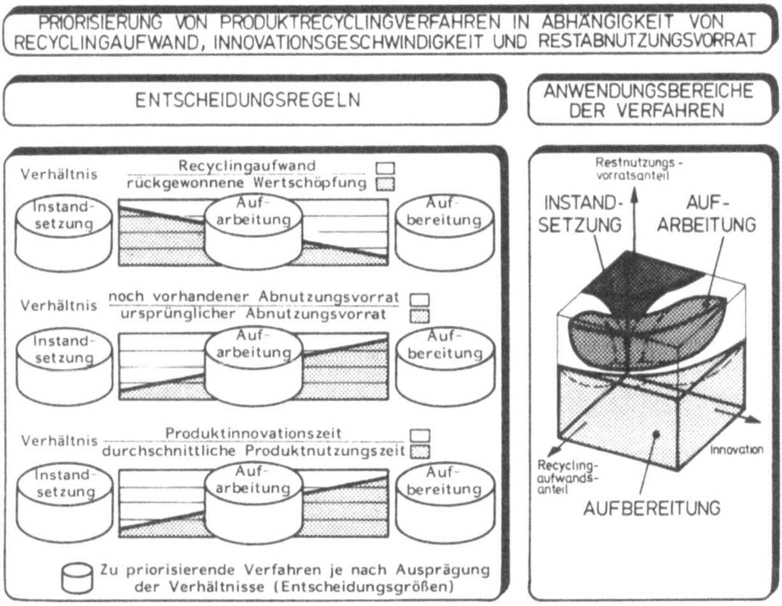

Bild 46

Je nach anteiligem Recyclingaufwand (niedrig/mittel/hoch)
ermittelt man die Instandsetzung/Aufarbeitung/Aufbereitung
als bevorzugt anzuwendende Produktrecyclingverfahren.

Dabei ist zu beachten, daß sowohl der erforderliche **Recyclingaufwand** als auch die **rückgewonnene Wertschöpfung** von
Einflüssen aus der **Produktnutzungszeit** abhängig sind.

Der **Recyclingaufwand** der beiden Verfahren Instandsetzung und
Aufarbeitung ist von dem nutzungsabhängigen **noch vorhandenen
Abnutzungsvorrat** im Produkt abhängig. Die sich hieraus ergebende Entscheidungsregel zeigt Bild 42 als linke mittlere
Darstellung.

Je nach Anteil des noch vorhandenen Abnutzungsvorrats am ursprünglichen Abnutzungsvorrat (hoch/mittel/niedrig) ermittelt man entsprechend die Instandsetzung/Aufarbeitung/ Aufbereitung als bevorzugt anzuwendende Produktrecyclingverfahren.

Die **rückgewonnene Wertschöpfung** ist von der während der Produktnutzungszeit eingetretenen Innovation abhängig, da das rezylierte Produkt an den zwischenzeitlich dem Stand der Technik entsprechenden Produkten gemessen wird. Die sich hieraus ergebende Entscheidungsregel zeigt Bild 47 als dritte Darstellung.
Definiert man als Produktinnovationszeit die Zeit bis zu grundlegenden Neuerungen bzw. Umwälzungen von Wirkprinzipien, Gestaltmerkmalen usw. eines Produkts, so ermittelt man je nach Verhältnis der Produktinnovationszeit zur durchschnittlichen Produktnutzungszeit (hoch/mittel/niedrig) wiederum die Instandsetzung/Aufarbeitung/Aufbereitung als bevorzugt anzuwendende Produktrecyclingverfahren.

Überführt man diese drei Entscheidungsregeln ebenfalls in eine gemeinsame Darstellung der Anwendungsbereiche der drei Produktrecyclingverfahren, die Bild 46 im rechten Bildteil zeigt, so sind für die in der vorliegenden Arbeit schwerpunktmäßig behandelte **Aufarbeitung** nur Produkte mit **mittlerem Recyclingaufwand**, mittlerem noch vorhandenem Abnutzungsvorrat, sowie mittlerer Innovationsgeschwindigkeit besonders prädestiniert.
Diese "Mitte" jeweils richtig auszuloten, muß als besondere Schwierigkeit der treffsicheren Ermittlung aufarbeitungswürdiger Produkte angesehen werden. Daher sollen im folgenden Abschnitt die bislang weitgehend abstrakt gehaltenen Entscheidungskriterien in einigen Punkten noch gegenständlich dargestellt und quantifiziert werden:

7.2 Kriterien zur Ermittlung der Aufarbeitungswürdigkeit von Produkten des Maschinenbaus

Für die Ermittlung der Aufarbeitungswürdigkeit von Produkten des Maschinenbaus lassen sich die folgenden, miteinander im Zusammenhang stehenden Kriterien formulieren und teilweise als **Richtwerte** bzw. Mindestanforderungen an aufarbeitungswürdige Produkte angeben:

7.2.1 Technische Kriterien

Als technische Forderung an die Aufarbeitungswürdigkeit von Produkten muß die prinzipielle Eignung eines Produkts zur Aufarbeitung zum Funktionsstand und zur Lebensdauererwartung eines Neuprodukts gegeben sein.

Das Produkt muß demnach

- zerstörungsfrei demontierbar sein,
- seine Bauteile müssen reinigungsfähig sein,
- demontierte Bauteile müssen identifizierbar, prüfbar und sortierbar sein,
- nicht direkt wiederverwendbare Bauteile müssen zum Qualitätsniveau von Neuteilen aufarbeitbar oder ersetzbar sein,
- das Produkt muß wieder montierbar sein.

Der technisch/wirtschaftliche **Aufwand** für die **Aufarbeitung** sollte hierbei **nicht höher als zwei Drittel** des **Aufwands** für die **Neuproduktion** desselben Erzeugnisses sein.

7.2.2 Wirtschaftliche Kriterien

Als wirtschaftliche Forderung an die Aufarbeitungswürdigkeit von Produkten muß ein ausreichender Gebrauchswert sowohl des neuen als auch des aufgearbeiteten Erzeugnisses vorhanden sein, um den notwendigen Recyclingaufwand wirtschaftlich zu rechtfertigen.

Bei sehr niedrigwertigen Produkten kann schon der Einsammel-
und Transportaufwand den in einer Aufarbeitung rückgewinnbaren Wert übersteigen.

Unter derzeitigen Bedingungen kann ein **Produktneuwert**, der
dem Wert von **drei Instandsetzungslohnstunden** entspricht, als
unterer **Schwellenwert** für eine wirtschaftliche Durchführbarkeit der Aufarbeitung angegeben werden.

7.2.3 Organisatorische Kriterien

Als erste organisatorische Forderung an die Aufarbeitungswürdigkeit von Produkten muß ein ausreichender **Rücklauf an
Alterzeugnissen** gegeben sein, wobei hierbei die Rücklaufrate
sowohl nach **Wert** als auch nach Menge (**Stückzahlen**) bezogen
auf die ursprüngliche Neuproduktion zu bewerten ist.

Als zweite organisatorische Forderung ist ein geeignetes
Verhältnis der **durchschnittlichen Produktnutzungszeit** zur
Produktlebensdauer am Markt anzusehen.
Hierbei kann ein solches **Verhältnis** zwischen 1 : 2 bis 1 : 5
als günstige Voraussetzung für eine Aufarbeitung angesehen
werden.

7.2.4 Marktkriterien

Als Marktkriterien für die Aufarbeitungswürdigkeit von Produkten sind sowohl ein **Beschaffungsmarkt** für **Alterzeugnisse**
und in der Aufarbeitung notwendige Ersatzteile (**Neuteile**),
als auch ein **Absatzmarkt** für die **aufgearbeiteten Erzeugnisse**
zu fordern. In beiden Märkten sind Verbreitungsgrad des
Produkts, Rückhol- bzw. Vertriebsaufwand wesentliche Größen.
Die den Absatzmarkt für aufgearbeitete Erzeugnisse wesentlich prägende Innovationsgeschwindigkeit wurde bereits angesprochen.

7.2.5 Sonstige Kriterien

Ein weiteres wichtiges Kriterium bei der Beurteilung der Aufarbeitungswürdigkeit von Produkten ist die vom potentiellen Betreiber einer Austauscherzeugnisfertigung abhängige Frage, ob es sich um ein **Eigenprodukt**, d.h. ein vom selben Unternehmen auch neu hergestelltes Erzeugnis, oder ein **Fremdprodukt** handelt.

Im ersten Fall sind sowohl Erfahrungen zu den konstruktiven Eigenschaften und zur Fertigung des Produktes vorhanden, als auch meist die Beschaffungs- und Absatzmöglichkeiten wesentlich erleichtert, die im zweiten Fall erst aufgebaut werden müssen.

Die Praxis zahlreicher, im Ausland sogar überwiegender freier Aufarbeitungsbetriebe zeigt jedoch, daß hieraus keine unüberwindbaren Hindernisse entstehen müssen.

Von dieser Frage ist weiterhin noch die Notwendigkeit bzw. Möglichkeit der Abstimmung von Neuproduktion und Aufarbeitung und die Möglichkeit zur Einleitung begünstigender konstruktiver Maßnahmen abhängig, die den Schwerpunkt des folgenden Abschnitts bilden.

7.3 Instrumentarien zur Planung der Aufarbeitung von Produkten des Maschinenbaus

7.3.1 Anlässe und Besonderheiten der Planungsaufgabe

Als **Anlässe** zur Planung der Aufarbeitung von Produkten lassen sich unterscheiden

- bei **Eigenprodukten** das Bestreben, die zunehmend unrentable herkömmliche Einzelinstandsetzung (vgl. Abschnitt 3.2, Bild 15), die Bestandteil des Kundendienstes des Herstellers ist, durch Aufarbeitung in Serie zu ersetzen

- bei **Fremdprodukten** die Aufnahme der Aufarbeitung von Produkten als Teil von Diversifikationsbestrebungen oder allgemeinen unternehmerischen Handelns.

Stehen die aufzuarbeitenden Produkte fest, so lassen sich zahlreiche Aufgaben der Planung von technischen und zeitlichen Kapazitäten einer Austauscherzeugnisfertigung mit den auch für die Neuproduktion anwendbaren Vorgehensweisen und Hilfsmitteln und mit Erfahrungen aus der Instandhaltung bewältigen.

Einige hierbei wichtige, nicht aus der Neuproduktion oder der Instandhaltung ableitbare Vorgehensweisen und Hilfsmittel wurden in der vorliegenden Arbeit entwickelt. Darüber hinaus stellen sich bei Aufnahme der Aufarbeitung von **Eigenprodukten** noch die folgenden Aufgaben:

7.3.2 Planung der Wechselwirkungen zwischen Neuproduktion und Aufarbeitung

Bei einer vorwiegend marktorientierten bzw. **außerbetrieblichen** Betrachtungsweise ist als Wechselwirkung zwischen Neuproduktion und Aufarbeitung (Austauscherzeugnisfertigung) zunächst der **Wettbewerb** zwischen Neu- und Austauscherzeugnissen der gleichen Art zu nennen. Sie ist der Grund, daß Originalhersteller von Neuprodukten vielfach die auf dem freien Markt tätigen Aufarbeiter ihrer Produkte mit Argwohn beobachten oder aber als Originalhersteller von der Errichtung einer eigenen Austauscherzeugnisfertigung absehen, da sie sich keine "Konkurrenz im eigenen Hause" schaffen wollen. Diese Haltung ändert sich nur dann, wenn die Austauscherzeugnisfertigung als Kundendienst eine von den Kosten her günstigere Alternative für die unrentable Instandsetzung darstellt, oder wenn die aufgearbeiteten Produkte sowohl von fremden Aufarbeitern als auch aus eigenem Hause als Hilfe bei der Erschließung neuer Kundenkreise und Marktpotentiale, die später auch auf Neuprodukte übergehen, gesehen werden.

Hierbei darf auch nicht übersehen werden, daß die Gesamtnachfrage nach einem Produkt häufig nicht nur durch die sogenannte Erstnachfrage, sondern während seiner Laufzeit in zunehmendem Maße durch die Ersatznachfrage bestimmt wird.

Das parallele Betreiben von Neuproduktion und Austauscherzeugnisfertigung bietet dabei die Möglichkeit, über ein selektives Befriedigen von Erst- und Ersatznachfrage mit neuen und aufgearbeiteten Erzeugnissen einerseits unerwünschte Kapazitätsspitzen in der Neuproduktion zu vermeiden, Bild 47, andererseits auch frühzeitiger Kapazitäten für ein Nachfolgeprodukt in der Neuproduktion frei zu bekommen, Bild 48.

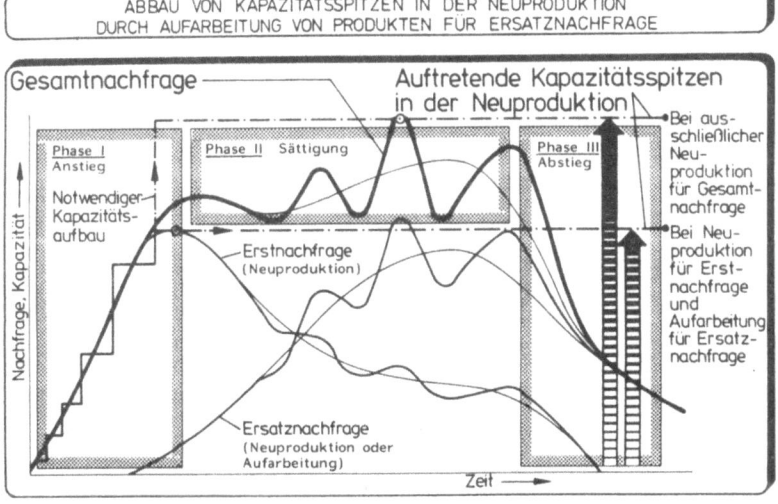

Bild 47

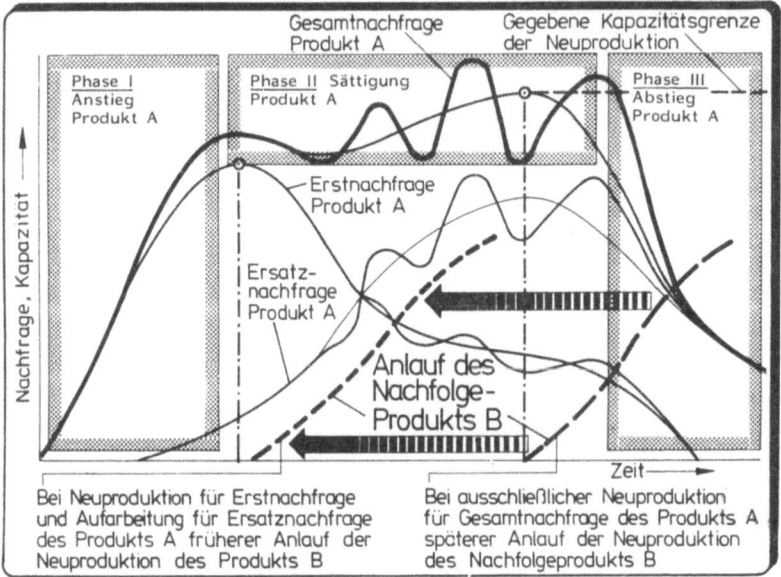

Bild 48

Darüber hinaus ist auch in Betracht zu ziehen, daß ein Originalhersteller mit der Aufarbeitung von Produkten auch einen höheren Betriebserfolg erwirtschaften kann, als mit der gleichzeitig noch laufenden Neuproduktion desselben Erzeugnisses. Dies hat im Falle des in der Situationsanalyse untersuchten US-amerikanischen Industrieroboterherstellers /25/, der eigene Industrieroboter sowohl neu als auch aufgearbeitet vertreibt, bereits dazu geführt, das die Stückzahl aufgearbeiteter Erzeugnisse pro Jahr die Neuproduktion bereits übertrifft, Bild 49.

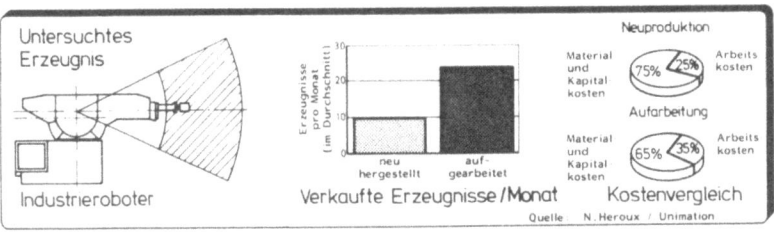
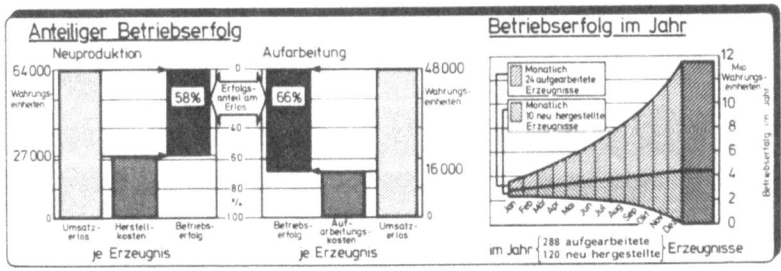

Bild 49

Bei einer mehr **innerbetrieblichen** Betrachtungsweise sind als Wechselwirkung zwischen Austauscherzeugnisfertigung und Neuproduktion vor allem die sich aus dem Betrieb der Austauscherzeugnisfertigung ergebenden Erfahrungswerte zum Verschleiß- und Ausfallverhalten sowie zu Schadensursachen der Produkte, das Erkennen konstruktiver Möglichkeiten zur Verbesserung von Zuverlässigkeit und Lebensdauer usw. zu nennen.

Zusammenfassend ist festzuhalten, daß die zunächst als schädlich für die Neuproduktion zu vermutenden Rückwirkungen der "neuen Konkurrenz" durch aufgearbeitete Produkte in keinem der in der Situationsanalyse untersuchten Fälle festzustellen waren, sondern daß im Gegenteil von Austauscherzeugnisfertigungen günstige und teilweise belebende Einflüsse auf die Neuproduktion ausgehen können.

7.3.3 Bewertung begünstigender konstruktiver Maßnahmen

Die in Kapitel 5 behandelten Gestaltungsregeln zur recyclingorientierten Produktgestaltung und die dort gezeigten Gestaltungsbeispiele zur Begünstigung der fünf Fertigungsschritte in Austauscherzeugnisfertigungen waren zu einem großen Teil als kostenneutral für die Neuproduktion einzustufen.

Dort, wo das Ergreifen von Maßnahmen, die zur Kosteneinsparung in der Austauscherzeugnisfertigung beitragen, jedoch Kostenerhöhungen in der Neuproduktion verursacht, müssen diese Maßnahmen durch eine Bewertung der gesamten Lebenszykluskosten des betrachteten Erzeugnisses bzw. des Bauteils gerechtfertigt werden.

Unter Nutzung von Kostenbegriffen aus Abschnitt 6.3 sind hier insbesondere konstruktive Maßnahmen, die eine Kosteneinsparung in der Austauscherzeugnisfertigung K_{Ei} durch

- eine Aufarbeitung ansonsten nicht wiederverwendbarer Bauteile ermöglichen (resultierende K_{Ei} für ein Bauteil der lfd. Nr. i : $K_{Ei}(i)$ = Neuteilkosten minus Bauteileaufarbeitungskosten = KN(i) - KAU(i)),

- eine direkte Wiederverwendung ansonsten nicht wiederverwendbarer Bauteile ermöglichen (resultierende K_{Ei} für ein Bauteil der lfd. Nr. i : $K_{Ei}(i)$ = Neuteilkosten = KN(i)),

gegenüber Kostenerhöhungen K_{Er} in der Neuproduktion zu bewerten.

Hierfür kann eine Bewertungskennzahl V_{LZK} für die Veränderung der Lebenszykluskosten des Bauteils gebildet werden.

Mit RR_{Erz} = Rücklaufrate des Erzeugnisses

und $Q_{S(i)}$ = Quote nicht wiederverwendbarer Bauteile i

gilt:

$$V_{LZK} = \frac{K_{Ei} \cdot RR_{Erz} \cdot Q_{S(i)}}{K_{Er}}$$

Mit der Bewertungskennzahl V_{LZK} läßt sich dann eine Entscheidung über eine konstruktive Maßnahme herbeiführen und begründen: Ist die Senkung der gesamten Lebenszykluskosten oberstes Ziel, so ist die Maßnahme bei $V_{LZK} \geq 1$ zu befürworten. Bei $V_{LZK} < 1$ rechtfertigen die erzielbaren Kosteneinsparungen in der Austauschererzeugnisfertigung die Aufwandserhöhung in der Neuproduktion nicht.

7.4 Zusammenführung der entwickelten Instrumentarien

Die vorstehend erarbeiteten Entscheidungs- und Planungsinstrumentarien zum Produktrecycling im Maschinenbau sind in Bild 50 mit den aus der Situationsanalyse abgeleiteten, für die dort ermittelten Schwachstellen in einem Vorgehen von "innen nach außen" erarbeiteten technologischen, konstruktiven, organisatorischen und logistischen Verbesserungen in einer **gesamtheitlichen Betrachtungsweise** zusammengeführt.

Es ergibt sich eine Reihe sich ergänzender Aufgaben, die jeweils eigener methodischer Unterstützung bedürfen und zu den in der vorliegenden Arbeit im einzelnen entwickelten und behandelten Instrumentarien führten.

Damit läßt sich der Kreis der formulierten Zielsetzung, technisch und wirtschaftlich erfolgreiche Verfahren zum Produktrecycling im Maschinenbau zu entwickeln, in einem logischen Aufbau und im Zusammenwirken der entwickelten Instrumentarien schließen.

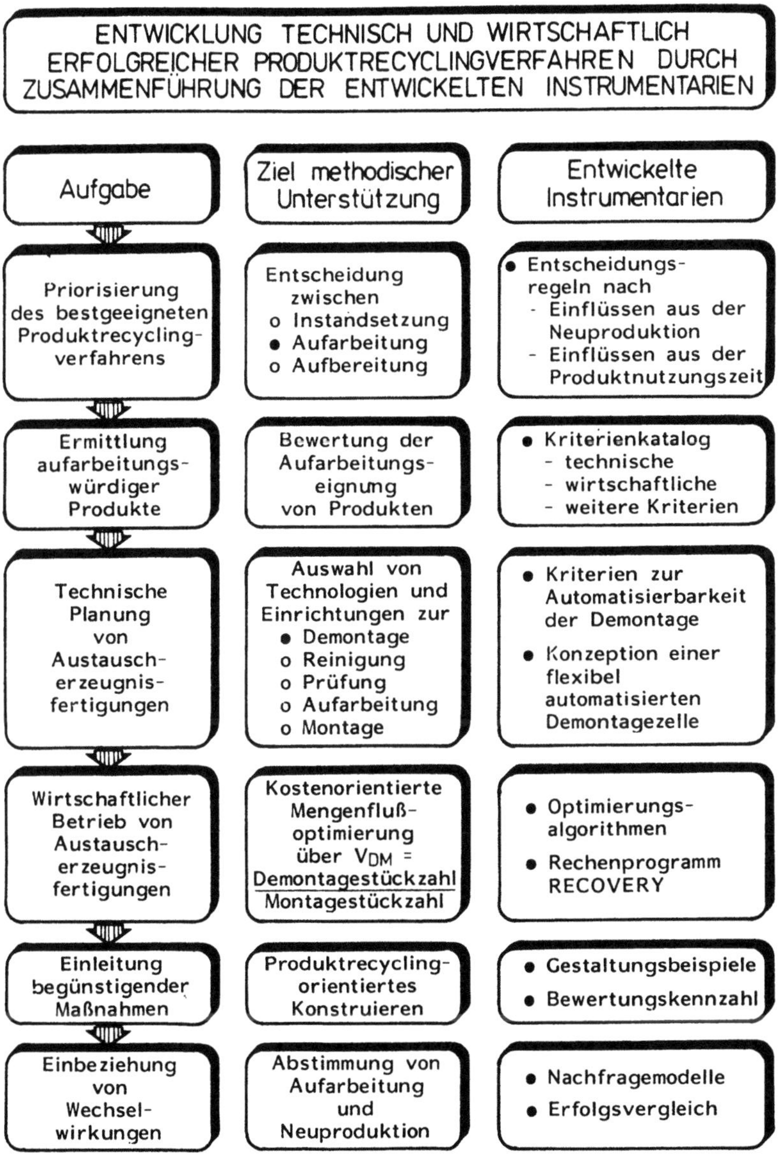

ENTWICKLUNG TECHNISCH UND WIRTSCHAFTLICH ERFOLGREICHER PRODUKTRECYCLINGVERFAHREN DURCH ZUSAMMENFÜHRUNG DER ENTWICKELTEN INSTRUMENTARIEN			
Aufgabe	**Ziel methodischer Unterstützung**	**Entwickelte Instrumentarien**	

Priorisierung des bestgeeigneten Produktrecyclingverfahrens	Entscheidung zwischen
	o Instandsetzung
	● Aufarbeitung
	o Aufbereitung
		● Entscheidungsregeln nach
		  - Einflüssen aus der Neuproduktion
		  - Einflüssen aus der Produktnutzungszeit	

Ermittlung aufarbeitungswürdiger Produkte	Bewertung der Aufarbeitungseignung von Produkten	● Kriterienkatalog
		  - technische
		  - wirtschaftliche
		  - weitere Kriterien	

Technische Planung von Austauscherzeugnisfertigungen	Auswahl von Technologien und Einrichtungen zur ● Demontage o Reinigung o Prüfung o Aufarbeitung o Montage	● Kriterien zur Automatisierbarkeit der Demontage ● Konzeption einer flexibel automatisierten Demontagezelle	
Wirtschaftlicher Betrieb von Austauscherzeugnisfertigungen	Kostenorientierte Mengenflußoptimierung über V_{DM} = $\frac{\text{Demontagestückzahl}}{\text{Montagestückzahl}}$	● Optimierungsalgorithmen ● Rechenprogramm RECOVERY	
Einleitung begünstigender Maßnahmen	Produktrecyclingorientiertes Konstruieren	● Gestaltungsbeispiele ● Bewertungskennzahl	
Einbeziehung von Wechselwirkungen	Abstimmung von Aufarbeitung und Neuproduktion	● Nachfragemodelle ● Erfolgsvergleich	

Bild 50

8 Zusammenfassung und Ausblick

Recycling im Maschinenbau ist ein zwischen unterschiedlichen Naturwissenschaften, Ingenieur- und Wirtschaftswissenschaften interdisziplinär angesiedeltes Wissensgebiet, so daß es durch problemorientiertes Zusammenführen von Gesetzmäßigkeiten, Erfahrungen und Erkenntnissen aus den genannten Wissensgebieten beschrieben und weiterentwickelt werden kann. Die vorliegende Arbeit betreibt eine solche Synthese, indem erstmals der Begriff Produktrecycling mit den drei Recyclingverfahren Instandsetzung, Aufarbeitung und Aufbereitung definiert und verfolgt wird.

Das zum Produktrecycling schwerpunktmäßig behandelte industrielle Aufarbeiten durch Austauscherzeugnisfertigung in Serie, mit den fünf Fertigungsschritten Demontage/Reinigung/Prüfung/Bauteileaufarbeitung/Wiedermontage, ist zum einen Teil aus der Neuproduktion, zum anderen Teil aus der Instandhaltungstechnik abgeleitet.

In einer Situationsanalyse in Austauscherzeugnisfertigungen des In- und Auslandes wurde gezeigt, daß einerseits aus diesen beiden Bereichen zahlreiche Vorgehensweisen und Techniken für das Produktrecycling im Maschinenbau vorhanden sind, daß andererseits an den Nahtstellen noch zahlreiche Wissenslücken und Schwachstellen bestehen. Diese konnten in der vorliegenden Arbeit durch folgende Entwicklungen behoben werden:

Für eine Automatisierung der Demontage, für die beim Stand der Technik noch keine Lösung existiert, wurden Kriterien zur Automatisierbarkeit von Demontage- und Sortiervorgängen erarbeitet und darauf aufbauend eine flexibel automatisierte Demontagezelle konzipiert.

Für die neben geeigneten Recyclingtechnologien zumindest gleichrangig wichtige Berücksichtigung des Recycling schon während der Entwicklung und Konstruktion wurden Regeln formuliert und konstruktive Maßnahmen als Gestaltungsbeispiele erarbeitet, die äußerst wirksame Kostenentlastungen in den Austauscherzeugnisfertigungen der Situationsanalyse bis zu einem Fünftel der Herstellkosten ermöglichen.

Für die noch fehlenden Verfahren zur effektiven und sicheren Planung, Steuerung und Kostenkontrolle in der Austauscherzeugnisfertigung wurden Optimierungsalgorithmen und ein rechnerunterstütztes Verfahren zur Optimierung des Verhältnisses Demontagestückzahl zur Montagestückzahl entwickelt. Hiermit ist eine, in vielen Fällen erst die Rentabilität der Austauscherzeugnisfertigung herbeiführende, Kostensenkung bis zu einem Drittel der Selbstkosten in Austauscherzeugnisfertigungen zu erzielen.

Für aus der Neuproduktion oder Instandhaltung nicht ableitbare Entscheidungs- oder Planungsaufgaben wurden Instrumentarien entwickelt, die Möglichkeiten zur Ausweitung des Produktrecycling über die vorwiegend aus der Kfz-Branche bekannten Anwendungsfälle hinaus eröffnen.

Geschieht dies, so wird der volkswirtschaftliche Nutzen des Produktrecycling durch Aufarbeiten weniger in der erzielbaren Rohstoff- oder Energieeinsparung, vielmehr dagegen in den von diesem Wirtschaftszweig ausgehenden Beschäftigungseffekten und in den damit einhergehenden Anstößen zur Entwicklung neuer Technologien und damit der Schaffung neuen Know-hows zu sehen sein.

Ansätze für weiterführende Arbeiten ergeben sich einerseits aus der Notwendigkeit, weitere wirtschaftliche Technologien zur Austauscherzeugnisfertigung, insbesondere zur Bauteileaufarbeitung zu entwickeln. Andererseits ist auch das ganzheitliche Denken in Lebenszykluskosten eines Erzeugnisses über Produktion, Produktgebrauch und Entsorgung zu vertiefen und weiterzuentwickeln.

Schrifttumsverzeichnis

/1/ Jetter, U.: Recycling in der Materialwirtschaft. Hamburg: Spiegel-Verlag, 1975.

/2/ Keller, E. (Hrsg.): Abfallwirtschaft und Recycling. Essen: Girardet, 1977.

/3/ Overby, C.: A Study of Issues and Policies Related to Recycling of Products: A Final Report. Washington, DC (USA): The U.S. Congress Office of Technology Assessment Materials Group, 1979.

/4/ Schiller, R.; Trepte, L.: Recycling im Automobilbau: Literaturstudie. Frankfurt/Main: Forschungsvereinigung Automobiltechnik (FAT), 1979.

/5/ Braess, H. et al.: Forschungsprojekt Langzeitauto: Endbericht Phase 1. Eggenstein-Leopoldshafen: Fachinformationszentrum Energie, Physik, Mathematik 1976. (BMFT-Forschungsbericht TV 7508).

/6/ Wutz, M.: Entwicklungen beim Automobilrecycli In: Recycling International/ Hrsg. von K.J. Thomé-Kozmiensky. Berlin: Freitag, 1982, S. 776-781.

/7/ Beitz, W.;　　　　　　　Konstruktionshilfen zur recycling
　　 Meyer, H.:　　　　　　 orientierten Produktgestaltung.
　　　　　　　　　　　　　　VDI-Z 124 (1982) 7, S. 255-267.

/8/ Jorden, W.;　　　　　　 Recycling beginnt in der Konstruk
　　 Weege, R.-D.:　　　　　Konstruktion 31 (1979) 10,
　　　　　　　　　　　　　　S. 381-387

/9/ Schmitt-Thomas, K.-G.;　Optimierung des Aluminiumeinsatze
　　 Johner, G.;　　　　　　im Kraftfahrzeug zum Leichtbau
　　 Weber, R.:　　　　　　 und Recycling.
　　　　　　　　　　　　　　Metall 35 (1981) 8, S. 796-799.

/10/ Weege, R.-D.:　　　　　Recyclinggerechtes Konstruieren.
　　　　　　　　　　　　　　Düsseldorf: VDI-Verlag, 1981.

/11/ Meyer, H.:　　　　　　 Recyclingorientierte Produkt-
　　　　　　　　　　　　　　gestaltung. Düsseldorf: VDI-Verla
　　　　　　　　　　　　　　1983. (Fortschritt-Berichte der
　　　　　　　　　　　　　　VDI-Zeitschriften: R.1; Nr. 98).
　　　　　　　　　　　　　　Zugl. Berlin, Techn. Univ.,
　　　　　　　　　　　　　　Diss. Dr.-Ing. 1982.

/12/ Gehrmann, F.:　　　　　Konstruktion und werterhaltendes
　　　　　　　　　　　　　　Recycling niederwertiger technisc
　　　　　　　　　　　　　　Gebrauchsgüter, dargestellt am
　　　　　　　　　　　　　　Beispiel Haushaltskleinmaschinen.
　　　　　　　　　　　　　　Düsseldorf: VDI-Verlag, 1986.
　　　　　　　　　　　　　　(Fortschritt-Berichte VDI:
　　　　　　　　　　　　　　R. 15; Nr. 40).
　　　　　　　　　　　　　　Zugl. Paderborn, Univ., Diss.
　　　　　　　　　　　　　　Dr.-Ing. 1985.

/13/ Amelung, E. et al.: Anforderungen an den Rohstoff Schrott für die Stahlerzeugung. In: Vom Schrott zum Stahl. Düsseldorf: Verlag Stahleisen, 1977.

/14/ Gruhl, W.; Lossack, E.: Vermischter Altschrott - ein Rohstoff für die Aluminiumblechherstellung. Vortrag, Symposium Aluminium und Automobil, Düsseldorf, Dez. 1980.

/15/ Pfeiffer, W.; Schultheiß, B.; Staudt, E.: Recycling - Systemtechnischer Ansatz zur Berücksichtigung von Wiederverwendungskreisläufen in der langfristigen Unternehmensplanung. In: Systemtechnik - Grundlagen und Anwendung/ Hrsg.: Ropohl, G. München; Wien: Hanser, 1975.

/16/ Russell, S.H.: Resource Recovery Economics. New York; Basel: Dekker, 1982.

/17/ VDI 2243 E Recyclingorientierte Gestaltung technischer Produkte. Dezember 1984.

/18/ DIN 31051 Instandhaltung: Begriffe. Januar 1985.

/19/ N.N. Mündliche Mitteilung der Firma Daimler-Benz AG, Stuttgart, 1978.

/20/ Beitz, W.;　　　　　　　Altteileverwertung im Auto-
　　　Hove, U.;　　　　　　　mobilebau.
　　　Pourshirazi, M.:　　　　(FAT-Schriftenreihe; Nr. 24)
　　　　　　　　　　　　　　Frankfurt: Forschungsvereinigung
　　　　　　　　　　　　　　Automobiltechnik, 1982.

/21/ Warnecke, H.J.;　　　　Instandsetzung, Aufarbeitung,
　　　Steinhilper, R.:　　　　Aufbereitung: Recyclingver-
　　　　　　　　　　　　　　fahren und Produktgestaltung.
　　　　　　　　　　　　　　VDI-Z 124 (1982), S. 751-758.

/22/ Hupe, R.:　　　　　　　Verjüngungskur für Veteranen.
　　　　　　　　　　　　　　Managermagazin 13 (1983) 5,
　　　　　　　　　　　　　　S. 124-126.

/23/ Warnecke, H.J.;　　　　Wachstumsbranche Produktrecyc-
　　　Steinhilper, R.:　　　　ling? - Produkte, Verfahren,
　　　　　　　　　　　　　　Märkte.
　　　　　　　　　　　　　　In: Wirtschaft und Umwelt.
　　　　　　　　　　　　　　München: Bayerisches Staats-
　　　　　　　　　　　　　　ministerium für Wirtschaft
　　　　　　　　　　　　　　und Verkehr, 1986, S. 119-138.

/24/ Bollinger, L.;　　　　　Remanufacturing survey findings.
　　　u.a.:　　　　　　　　　Cambridge, Mass. (USA): Massa-
　　　　　　　　　　　　　　chusetts Institute of Techno-
　　　　　　　　　　　　　　logy, 1981. (CPA 81-12).

/25/ Heroux, N.　　　　　　Mündliche Mitteilung der Firma
　　　　　　　　　　　　　　Unimation-Westinghouse,
　　　　　　　　　　　　　　Danburry, Conn., USA, 1985.

/26/ Kaminsky, R.:　　　　　Grunderneuerung - Produkt-
　　　　　　　　　　　　　　recycling.
　　　　　　　　　　　　　　Stuttgart: R. Kaminsky, 1982.

/27/ Reichert, J.: Abschätzung der Recycling-Potentiale von Kupfer und Aluminium. Metall 31 (1977) 5, S. 475-477.

/28/ N.N. Schrottbilanz 1974. Der Schrottbetrieb 26 (1975) Febr., S. 2-5.

/29/ Schlitzer, E.: Altstoffwirtschaft und ihre Probleme. Vortrag, VDI-Seminar Wachstumsbranche Recycling, Stuttgart, 10. Okt. 1985.

/30/ Boustead, I.; Hancock, G.: Energiebilanz und Recycling bei Glas- und PET-Getränkebehältersystemen. In: Recycling international/ Hrsg.: K.J. Thomé-Kozmiensky. Berlin: EF-Verlag für Energie- und Umwelttechnik, 1984, S. 829-835.

/31/ Bolling, R.; Lewinsky, A. von; Wirtz, A.H.: Aluminium-Getränkedosen-Recycling in den USA und Europa, 5. Internationaler Recycling Kongreß, Berlin, 1986. Eschborn: Alcan Aluminiumwerke GmbH, 1986.

/32/ Lewinsky, A. von: Aluminium-Recyclingaktivitäten in Europa unter besonderer Berücksichtigung der Getränkedosen. In: Recycling international/ Hrsg.: K.J. Thomé-Kozmiensky. Berlin: EF-Verlag für Energie- und Umwelttechnik, 1984, S. 839-845.

/33/ Huber, H.: Metallfass-Recycling. Vortrag, VDI-Seminar Wachstumsbranche Recycling, Stuttgart, 10. Okt. 1985.

/34/ Natof, S.: The Department of Energy and Remanufacturing - New Opportunities for Energy Conservation. Vortrag, Conference Remanufacturing: Remaking the Future, Cambridge, Mass. (USA), MIT, Dec. 13-14, 1982.

/35/ Hoch, M.; Herrmann, P.: Strukturanalyse für flexible Automatisierung von Tausch- und Altmotorenfertigung. Karlsruhe: Kernforschungszentrum, 1982. (KfK-PFT; 13)

/36/ Warnecke, H.J.: Der Produktionsbetrieb. Berlin u.a.: Springer, 1984.

/37/ Warnecke, H.J.: Automatisierung in der
Fertigung I, Kap. 1 - 3.
Vorlesungsmanuskript.
Stuttgart: Universität,
Inst. für Ind. Fertigung
u. Fabrikbetrieb, o.J.

/38/ Warnecke, H.J.: Automatisierung in der
Fertigung I, Kap. 5.4 - 8.
Vorlesungsmanuskript.
Stuttgart: Universität,
Inst. für Ind. Fertigung
u. Fabrikbetrieb, o.J.

/39/ Steinhilper, R.: Untersuchung der Austauschfertigung von Elektrowerkzeugen. Stuttgart, Univ.,
Lehrstuhl für Industrielle
Fertigung und Fabrikbetrieb,
Diplomarbeit, 1978.

/40/ Warnecke, H.J.; Kostenrechnung für Ingenieure.
Bullinger, H.-J.; 2., durchges. Aufl.
Hichert, R.: München; Wien: Hanser, 1981.

/41/ Schraft, R.D.; Automatisierung in der Mon-
Schöninger, J.: tage: Voraussetzungen
und Stand der Technik.
Industrieanzeiger 109 (1987)
23, S. 26-28

/42/ Abele, E.; Studie zur Untersuchung
u.a.: der Einsatzmöglichkeit
von flexibel automatisierten Montagesystemen in der
industriellen Produktion.
Düsseldorf: VDI-Verlag, 1984.

/43/ DIN 8580   Fertigungsverfahren;
                             Einteilung. Juli 1985.

/44/ Langenbeck, K.:   Konstruktionslehre 1-2.
                             Stuttgart, Univ., Vorlesungs-
                             manuskript, 1976.

/45/ Ehrlenspiel, K.:   Kostengünstig Konstruieren.
                             Berlin u.a.: Springer, 1985.

/46/ Pahl, G.;   Konstruktionslehre.
     Beitz, W.:   Berlin u.a.: Springer, 1986.

/47/ Busacker, R.G.;   Endliche Graphen und Netz-
     Saaty, T.L.:   werke. München; Wien:
                             Oldenbourg, 1968.

/48/ Czeranowsky, N.:   Bestimmung der Kompliziert-
                             heit von Baugruppen.
                             Industrieanzeiger 100 (1978)
                             59, S. 22-23.

/49/ Czeranowsky, N.:   Strukturuntersuchungen von
                             Baugruppen zur Entwicklung
                             einer Konstruktionslogik,
                             gezeigt am Beispiel von
                             Vorschubschlitteneinheiten.
                             Hannover, TU, Diss., 1978.

/50/ Völkner, G.:   Rüstzeitminimierung bei
                             Fertigungslinien.
                             In: Fachtagung Technischer
                             Fortschritt TF 83: Rüstzeit-
                             minimierung, Bad Soden/Ts,
                             10.-11. Mai 1983.
                             Eschborn: AWF, 1983,
                             Vortrag 10.

/51/ Steinhilper, R.: Eigene Erhebung bei der
Firma Champion Parts
Rebuilders Inc., Forth Worth,
Texas, USA, 1985.

/52/ Steinhilper, R.; Recycling durch Aufarbeiten
Grundler, G.;   technischer Produkte in
Zöllner, S.:   Austauscherzeugnisfertigung
Phase I und II.
(BMFT-FB-T; 86-122).

/53/ Doleschel, E.: Konzeption einer flexibel
automatisierten Demontage-
zelle für KFZ-Baugruppen.
Stuttgart, Univ., Lehrstuhl
für Industrielle Fertigung
und Fabrikbetrieb,
Studienarbeit, 1986.

/54/ VDI 2222 Bl. 1   Konstruktionsmethodik.
Mai 1977.
VDI 2222 Bl. 2   Konstruktionsmethodik.
Febr. 1982.

/55/ Pourshirazi, M.: Recycling und Werkstoffsub-
stitution bei technischen
Produkten als Beitrag zur
Ressourcenschonung.
Berlin, Technische Univ.,
Diss., 1987.

10 Anhang

Dokumentation Rechenprogramm RECOVERY

10.1 Eingabemasken

```
                           ***BASISDATEN***
***ANGABEN ZUM ERZEUGNIS***

    ERZEUGNIS-BEZEICHNUNG                          : WASSERPUMPE

    ANZAHL BETRACHTETER BAUTEILE PRO ERZEUGNIS     : 3

    ANZAHL EINGESETZTER AUFARBEITUNGSMASCHINEN     : 2

***ANGABEN ZUR OPTIMIERUNGSAUFGABE***

    MONTAGESTUECKZAHL                              : 600

    MAXIMALE DEMONTAGESTUECKZAHL IDENT. ALTERZEUGNIS : 900

    MAXIMALE DEMONTAGESTUECKZAHL ANDERES ALTERZEUGNIS : 0

***ZUSCHLAEGE AUF DIE HERSTELLKOSTEN***

    VERWALTUNGSGEMEINKOSTENZUSCHLAG (%)            : 5.00

    SONDEREINZELKOSTEN PRO MONTIERTEM ERZEUGNIS(DM) : 5.00
```

```
***TEILEGEWINNUNG***
***KOSTEN DEMONTAGE/REINIGUNG/PRUEFUNG ***
***BESCHAFFUNGSKOSTEN FUER ALTERZEUGNISSE:***

    PRO ERZEUGNIS IM AUSTAUSCH (DM)                    : 2.00
    PRO ZUSAETZLICH ZU BESCHAFFENDES IDENT. ALTERZEUGNIS (DM) : 5.00

***EINZELKOSTEN PRO DEMONTIERTEM ERZEUGNIS:***

    FERTIGUNGSLOHNKOSTEN (DM)                          : 3.00
    MATERIAL/HILFSSTOFFKOSTEN (DM)                     : 0.50

***ZUSCHLAEGE AUF DIE EINZELKOSTEN:***

    FERTIGUNGSGEMEINKOSTENZUSCHLAG                     : 10.00
    MATERIALGEMEINKOSTENZUSCHLAG (%)                   : 10.00
```

```
                    ***TEILEBEREITSTELLUNG***
              ***BEREICHSFIXKOSTEN/GEMEINKOSTENZUSCHLAEGE***

BEREICHSFIXKOSTEN BAUTEILEAUFARBEITUNG (DM PRO MONTAGELOS) : 50.00
BEREICHSFIXKOSTEN NEUTEILEBESCHAFFUNG (DM PRO MONTAGELOS) : 50.00
RESTFERTIGUNGSGEMEINKOSTENZUSCHLAG (%)                    : 10.00
```

```
***TEILEBEREITSTELLUNG***
***BEZEICHNUNG/RUESTKOSTEN BAUTEILEAUFARBEITUNGSMASCHINEN***

LFD.NR.     MASCHINENBEZEICHNUNG        RUESTKOSTEN

1           FLACHSCHLEIFMASCHINE        24.00
2           BOHR/FRAESMASCHINE           4.00
```

```
***TEILEBEREITSTELLUNG***
***BEZEICHNUNGEN BAUTEILE***

LFD.NR.  BAUTEILBEZEICHNUNGEN

1        GEHAEUSE
2        FLUEGELRAD/WELLE
3        DICHT-/LAGERSATZ
```

```
***TEILEBEREITSTELLUNG***
***ZUSTANDSABHAENGIGE QUOTEN***
***DER BETRACHTETEN BAUTEILE***


LFD. TEILE-NR.: 1 (GEHAEUSE)

ANZAHL DER VORRAETIGEN TEILE                          : 126

ANTEIL ZU VERSCHROTTENDER TEILE QS(1) (%)             : 5

ANTEIL DER AUFARBEITUNGSFAEHIGEN TEILE QA(1) (%)      : 40

ANTEIL DIREKT WIEDERVERWENDUNGSFAEHIGER TEILE QW(1) (%) : 55


LFD. TEILE-NR.: 2 (FLUEGELRAD/WELLE))

ANZAHL DER VORRAETIGEN TEILE                          : 202

ANTEIL ZU VERSCHROTTENDER TEILE QS(1) (%)             : 15

ANTEIL DER AUFARBEITUNGSFAEHIGEN TEILE QA(1) (%)      : 3

ANTEIL DIREKT WIEDERVERWENDUNGSFAEHIGER TEILE QW(1) (%) : 82


LFD. TEILE-NR.: 3 (DICHT/LAGERSATZ)

ANZAHL DER VORRAETIGEN TEILE                          : 340

ANTEIL ZU VERSCHROTTENDER TEILE QS(1) (%)             : 100

ANTEIL DER AUFARBEITUNGSFAEHIGEN TEILE QA(1) (%)      : 0

ANTEIL DIREKT WIEDERVERWENDUNGSFAEHIGER TEILE QW(1) (%) : 0
```

```
***TEILEBEREITSTELLUNG***
***VERTEILUNG DER AUFZUARBEITENDEN BAUTEILE***
***AUF DIE AUFARBEITUNGSMASCHINEN***

LFD.NR.: 1 (FLACHSCHLEIFMASCHINE)

+ 1 GEHAEUSE
  2 FLUEGELRAD/WELLE
  3 DICHT-/LAGERSATZ

ANZAHL DER AUFGEARBEITETEN BAUTEILE : 1
```

```
                    ***TEILEBEREITSTELLUNG***
                      ***BAUTEILKOSTEN***
LFD. TEILE-NR.: 1 (GEHAEUSE)

KOSTEN NEUTEIL                                      : 26.00

BESTELLABWICKLUNGSKOSTEN                            :  2.00

        BAUTEILEAUFARBEITUNGSKOSTEN PRO MONTAGELOS

MASCHINENBEZEICHNUNG    LOHNKOSTEN       MASCHINENKOSTEN
FLACHSCHLEIFMASCHINE        8.50               4.20


SCHROTTERLOES (DM PRO BAUTEIL)                      :  0.10
_____

LFD. TEILE-NR.: 2 (FLUEGELRAD/WELLE)

KOSTEN NEUTEIL                                      : 14.80

BESTELLABWICKLUNGSKOSTEN                            :  1.00

        BAUTEILEAUFARBEITUNG ERFOLGT NICHT

SCHROTTERLOES (DM PRO BAUTEIL)                      :  0.02
_____

LFD. TEILE-NR.: 3 (DICHT-/LAGERSATZ)

KOSTEN NEUTEIL                                      :  8.80

BESTELLABWICKLUNGSKOSTEN                            :  1.20

        BAUTEILEAUFARBEITUNG ERFOLGT NICHT

SCHROTTERLOES (DM PRO BAUTEIL)                      :  0.00
```

```
***ERZEUGNISMONTAGE***
***KOSTEN MONTAGE/ENDPRUEFUNG/VERPACKUNG***


***KOSTEN PRO MONTIERTES ERZEUGNIS:***

    FERTIGUNGSLOHNKOSTEN (DM)                  : 5.00

    MATERIAL/HILFSSTOFFKOSTEN (DM)             : 0.55

***ZUSCHLAEGE AUF DIE EINZELKOSTEN:***

    FERTIGUNGSGEMEINKOSTENZUSCHLAG (%)         : 10.00

    MATERIALGEMEINKOSTENZUSCHLAG (%)           : 10.00
```

10.2 Ausgabemasken

```
***TEILEGEWINNUNG/ERZEUGNISMONTAGE***

         VERHAELTNIS DEMONTAGE/MONTAGE   V D/M: 1.23
DEMONTAGESTUECKZAHL            : 735       MONTAGESTUECKZAHL: 600
   DAVON  ORIGINALERZEUGNIS    : 735
          2.ALTERZEUGNIS       : 0
                                   KOSTEN PRO ERZEUGNIS

                    TEILEGEWINNUNG                  ERZEUGNISMONTAGE

              ORIGINALERZEUGNIS     2.ALTERZEUGNIS

MATERIALKOSTEN:     DM    0.67     DM     0.00       DM     0.61
FERTIGUNGSKOSTEN:   DM    4.04     DM     0.00       DM     5.50
BESCHAFFUNGSKOSTEN: DM    3.13     DM     0.00       ---------

GESAMTKOSTEN:             DM       7.84              DM     6.11
```

```
***TEILEAUFARBEITUNG***

         VERHAELTNIS DEMONTAGE/MONTAGE   V D/M: 1.23
DEMONTAGESTUECKZAHL            : 735       MONTAGESTUECKZAHL: 600
   DAVON  ORIGINALERZEUGNIS    : 735
          2.ALTERZEUGNIS       : 0


          FERTIGUNGSLOHNKOSTEN:     DM    1832.60
          RUESTKOSTEN:              DM      24.00
          MASCHINENKOSTEN:          DM     823.20
          BEREICHSFIXKOSTEN:        DM      50.00

          KOSTEN TEILEAUFARBEITUNG: DM    2729.80

FOLGENDE AUFARBEITUNGSMASCHINEN WERDEN EINGESETZT:

FLACHSCHLEIFMASCHINE
```

```
***TEILEBEREITSTELLUNG***
***MENGEN UND EINZELKOSTEN***
VERHAELTNIS DEMONTAGE/MONTAGE  V D/M: 1.23
DEMONTAGESTUECKZAHL      : 735      MONTAGESTUECKZAHL: 600
  DAVON ORIGINALERZEUGNIS : 735
        2.ALTERZEUGNIS    : 0

TEIL  1 (GEHAEUSE)
                         ANTEIL IN STUECK:      ANTEILKOSTEN:

TEILEZUSCHUSS:                    0           DM      16.67
  NEUTEILE:                       0           DM       0.00
  TEILE AUS LAGERBESTAND:         0           DM       0.00

AUFGEARBEITETE TEILE:           196           DM    2696.47

WIEDERVERWENDETE TEILE:         404           DM       0.00

SCHROTTEILE:                     37           DM      -3.70
UEBERZAEHLIGE TEILE:             98           DM       9.80


TEIL  2 (FLÜGELRAD/WELLE)
                         ANTEIL IN STUECK:      ANTEILKOSTEN:

TEILEZUSCHUSS:                    0           DM      16.67
  NEUTEILE:                       0           DM       0.00
  TEILE AUS LAGERBESTAND:         0           DM       0.00

AUFGEARBEITETE TEILE:             0           DM      16.67

WIEDERVERWENDETE TEILE:         600           DM       0.00

SCHROTTEILE:                    110           DM      -5.50
UEBERZAEHLIGE TEILE:             25           DM       1.25


TEIL  3 (DICHT-/LAGERSATZ)
                         ANTEIL IN STUECK:      ANTEILKOSTEN:

TEILEZUSCHUSS:                  600           DM    2305.87
  NEUTEILE:                     260           DM    2288.00
  TEILE AUS LAGERBESTAND:       340           DM       0.00

AUFGEARBEITETE TEILE:             0           DM      16.67

WIEDERVERWENDETE TEILE:           0           DM       0.00

SCHROTTEILE:                    735           DM     -14.70
UEBERZAEHLIGE TEILE:              0           DM       0.00
```

```
***OPTIMALES ERGEBNIS******ERZEUGNIS: WASSERPUMPE***

        VERHAELTNIS DEMONTAGE/MONTAGE   V D/M: 1.23
  DEMONTAGESTUECKZAHL        : 735      MONTAGESTUECKZAHL: 600
    DAVON ORIGINALERZEUGNIS  : 735
          2.ALTERZEUGNIS     : 0

KOSTENZUSAMMENSETZUNG       PRO ERZEUGNIS:          PRO MONTAGELOS:
KOSTEN GEWINNUNG:           DM      7.84            DM    4704.75
KOSTEN TEILEBEREITSTELLUNG: DM     13.40            DM    8037.10
  DAVON NEUTEILEKOSTEN:     DM      8.89            DM    5331.20
        AUFARBEITUNGSKOSTEN: DM     4.55            DM    2729.80
        VERSCHROTTUNGSKOSTEN:DM    -0.04            DM     -23.90
KOSTEN MONTAGE:             DM      6.11            DM    3663.00

HERSTELLUNGSKOSTEN:         DM     27.34            DM   16404.85
VERWALTUNGSGEMEINKOSTEN:    DM      1.37            DM     820.24
SONDEREINZELKOSTEN:         DM      5.00            DM    3000.00

SELBSTKOSTEN:               DM     33.71            DM   20225.09
```

```
KOSTEN PRO        ***ERGEBNISUEBERSICHT GRAPHISCH***
ERZEUGNIS (DM)I
              I
  DM   36.95o
              I
              I
              I
              I   o
  DM   36.14-
              I
              I      o
              I         o
  DM   35.33-
              I            o
              I
              I              o
  DM   34.52-                  o
              I                   o
              I                                             o  o  o
              I                       o  o  o  o  o                   V D/M
  DM   33.71+-----------I------------I--*--o--o--I-----------I------------I-----
             1.00       1.10         1.20       1.30         1.40         1.50
```

IPA Forschung und Praxis
Schriftenreihe aus dem Institut für Produktionstechnik und Automatisierung, Stuttgart

Herausgeber: Prof. Dr.-Ing. H. J. Warnecke

Datenerfassung im Produktionsbereich
Von E. Bendeich. ISBN 3-7830-0117-8
1977, 176 Seiten, kartoniert   54,— DM

Methodenauswahl für die Materialbewirtschaftung in Maschinenbau-Betrieben
Von H. Graf. ISBN 3-7830-0136-6
1977, 144 Seiten, kartoniert.   54,— DM

Systematische Auswahl von Förderhilfsmitteln für den innerbetrieblichen Materialfluß
Von W. Rau. ISBN 3-7830-0139-0.
1977, 103 Seiten, kartoniert.   40,— DM

Grundlagen zur Planung von Ersatzteilfertigungen
Von E. Schulz ISBN 3-7830-0138-2
1977, 98 Seiten, kartoniert   40,— DM

Rechnerunterstützte Fabrikplanung
Von B. Minten ISBN 3-7830-0116-1
1977, 124 Seiten, kartoniert   38,— DM

Eine Planungsmethode für automatische Montagesysteme
Von H.-G. Lohr. ISBN 3-7830-0120-X
1977, 108 Seiten, kartoniert   32,— DM

Planung und Bewertung von Arbeitssystemen in der Montage
Von H. Metzger. ISBN 3-7830-0131-5
1977, 108 Seiten, kartoniert.   40,— DM

Klassifizierungssystem für Prüfmittel der industriellen Längenprüftechnik
Von R. Czetto ISBN 3-7830-0144-7
1978, 181 Seiten, kartoniert   64,— DM

Rechnerunterstützte Montageplanung
Von O. Hirschbach. ISBN 3-7830-0149-8
1978, 146 Seiten, kartoniert   52,— DM

Rechnerunterstützte Entwicklung von Simulationsmodellen für Unternehmensplanspiele
Von A. Moker. ISBN 3-7830-0147-1
1978, 181 Seiten, kartoniert.   64,— DM

Arbeitsplatzanalysen zur Ermittlung der Einsatzmöglichkeiten und Anforderungen an Industrieroboter
Von G. Herrmann. ISBN 37830-0151-X.
1978, 113 Seiten, kartoniert   40,— DM

MFSP — Ein Verfahren zur Simulation komplexer Materialflußsysteme
Von G. Stemmer. ISBN 3-7830-0118-8.
1977, 140 Seiten, kartoniert.   60,— DM

Berührungslose Erkennung durch Positionsbestimmung von Objekten durch inkohärent-optischer Korrelation
Von M. König. ISBN 3-7830-0137-4
1977, 110 Seiten, kartoniert.   40,— DM

Auslegung von Störungspuffern in kapitalintensiven Fertigungslinien
Von R. v. Stetten. ISBN 3-7830-0140-4.
1977, 154 Seiten, kartoniert.   56,— DM

Flexible Transportablaufsteuerung
Von G. Romer. ISBN 3-7830-0114-5.
1977, 188 Seiten, kartoniert.   60,— DM

Rechnergestützte Realplanung von Fabrikanlagen
Von T.-K. Sauter. ISBN 3-7830-0119-6.
1977, 108 Seiten, kartoniert.   32,— DM

Systematisches Auswählen und Konzipieren von programmierbaren Handhabungsgeräten
Von R. D. Schraft. ISBN 3-7830-0115-3.
1977, 108 Seiten, kartoniert.   32,— DM

Auslandsproduktion
Von W. Cypris. ISBN 3-7830-0145-5.
1978, 126 Seiten, kartoniert.   42,— DM

Wirtschaftlicher Einsatz von Mehrkoordinatenmeßgeräten
Von M. Dietzsch. ISBN 3-7830-0148-X.
1978, 142 Seiten, kartoniert.   52,— DM

Fertigungssteuerung bei flexiblen Arbeitsstrukturen
Von K.-G. Lederer. ISBN 3-7830-0146-3.
1978, 128 Seiten, kartoniert.   42,— DM

Untersuchungen zum Polieren und Entgraten durch elektrochemisches Oberflächenabtragen
Von K. Zerweck. ISBN 3-7830-0150-1.
1978, 110 Seiten, kartoniert.   40,— DM

Stufenweise Ableitung eines praktischen Planungssystems für den Entwicklungsbereich
Von R. Hichert. ISBN 3-7830-0149-8.
1978, 151 Seiten, kartoniert. 52,— DM

Produktionsplanung mit Auftragsfamilien
Von U. W. Geitner. ISBN 3-7830-0161.7
1979, 110 Seiten, kartoniert. 45,— DM

Thermisch-chemisches Entgraten
Von T. Wagner. ISBN 3-7830-0164-1
1979, 111 Seiten, kartoniert 45,— DM

Untersuchung der Materialflußkosten bei ausgewählten Systemen der Zentralen Arbeitsverteilung
Von R. Wenzel ISBN 3-7830-0162-5
1979, 168 Seiten, kartoniert. 86,— DM

Anpassung und Einführung eines Planungssystems für die Ablaufplanung im Konstruktionsbereich
Von W. Dangelmaier. ISBN 3-7830-0163-3
1979, 168 Seiten, kartoniert. 80,— DM

Längenmessungen an bewegten Teilen mit berührungslos wirkenden Aufnehmern
Von H. Lang. ISBN 3-7830-0157-9
1979, 89 Seiten, kartoniert 42,— DM

Untersuchung multistabiler Strömungselemente und ihr Einsatz in sequentiellen Steuerungen
Von A. Ernst ISBN 3-7830-0157-9.
1979, 122 Seiten, kartoniert 48,— DM

Taktile Sensoren für programmierbare Handhabungsgeräte
Von M. Schweizer. ISBN 3-7830-0158-7
1979, 91 Seiten, kartoniert. 42,— DM

Die rechnerunterstützte Prüfplanung
Von P. Blasing ISBN 3-7830-0152-8.
1979, 100 Seiten, kartoniert. 44,— DM

Verfahren zur Fabrikplanung im Mensch-Rechner-Dialog am Bildschirm
Von W. Ernst ISBN 3-7830-0156-0.
1979, 218 Seiten, kartoniert. 72,— DM

Rechnerunterstütztes Verfahren zur Leistungsabstimmung von Mehrmodell-Montagesystemen
Von M. Gorke ISBN 3-7830-0155-2
1979, 139 Seiten, kartoniert 50,— DM

Standortbezogene Betriebsmittel
Von G. Pflieger ISBN 3-7830-0167-6
1979, 127 Seiten, kartoniert. 52,— DM

Die betriebswirtschaftliche Beurteilung neuer Arbeitsformen
Von B.-H. Zippe. ISBN 3-7830-0168-4.
1979, 350 Seiten, kartoniert. 98,— DM

Untersuchung des Arbeitsverhaltens programmierbarer Handhabungsgeräte
Von B. Brodbeck. ISBN 3-7830-0169-2.
1979, 117 Seiten, kartoniert. 48,— DM

Untersuchung eines kohärent-optischen Verfahrens zur Rauheitsmessung
Von N. Rau ISBN 3-7830-0174-9
1979, 117 Seiten, kartoniert 48,— DM

Entwicklung einer programmierbaren, pneumatischen Steuerung
Von D. Klemenz. ISBN 3-7830-0171-4
1979, 93 Seiten, kartoniert 42,— DM

IPA Forschung und Praxis

Berichte aus dem Fraunhofer-Institut für Produktionstechnik und Automatisierung, Stuttgart, und dem Institut für Industrielle Fertigung und Fabrikbetrieb der Universität Stuttgart

Herausgeber: Prof. Dr.-Ing. H. J. Warnecke

38 **Arbeitsgangterminierung mit variabel strukturierten Arbeitsplänen — Ein Beitrag zur Fertigungssteuerung flexibler Fertigungssysteme**
Von U. Maier. ISBN 3-540-10213-2
1980, 111 Seiten mit 45 Abbildungen. 43,— DM

39 **Kapazitätsabgleich bei flexiblen Fertigungssystemen**
Von P. S. Nieß ISBN 3-540-10372-4
1980, 151 Seiten mit 57 Abbildungen 48,— DM

40 **Schichtdickenverteilung auf galvanisierten Paßteilen am Beispiel kleiner abgesetzter Wellen und Bohrungen**
Von D. Wolfhard. ISBN 3-540-10373-2
1980, 177 Seiten mit 83 Abbildungen 48,— DM

41 **Planung von Mehrstellenarbeit unter Berücksichtigung von Umfeldaufgaben**
Von S. Haußermann. ISBN 3-540-10374-0
1980, 136 Seiten mit 59 Abbildungen 48,— DM

42 **Untersuchungen zur Schmierfilmdicke in Druckluftzylindern — Beurteilung der Abstreifwirkung und des Reibungsverhaltens von Pneumatikdichtungen mit Hilfe eines neu entwickelten Schmierfilmdickenmeßverfahrens**
Von R. Kohnlechner. ISBN 3-540-10375-9
1980, 100 Seiten mit 38 Abbildungen und 4 Tabellen. 43,— DM

43 **Typologie zum überbetrieblichen Vergleich von Fertigungssteuerungsverfahren im Maschinenbau**
Von G. Rabus. ISBN 3-540-10376-7
1980, 174 Seiten mit 88 Abbildungen und 21 Tafeln 48,— DM

44 **System zur Planung des Umlaufbestandes in Betrieben mit Serienfertigung**
Von K.-G. Wilhelm. ISBN 3-540-10377-5
1980, 142 Seiten mit 67 Abbildungen und 15 Tafeln 48,— DM

45 **Rechnerunterstützte Arbeitsplanerstellung mit Kleinrechnern, dargestellt am Beispiel der Blechbearbeitung**
Von W. Hoheisel. ISBN 3-540-10505-0
1981, 169 Seiten mit 74 Abbildungen 48,— DM

46 **Beitrag zur Verbesserung der Wirtschaftlichkeit EDV-unterstützter Fertigungssteuerungssysteme durch Schwachstellenanalyse**
Von J. Lienert. ISBN 3-540-10506-9
1981, 148 Seiten mit 37 Abbildungen 48,— DM

47 **Die Abscheidung von Öl an Entlüftungsöffnungen drucklufttechnischer Anlagen**
Von W.-D. Kiessling ISBN 3-540-10604-9
1981, 117 Seiten mit 48 Abbildungen und 3 Tabellen 43,— DM

48 **Dynamische Optimierung technisch-ökonomischer Systeme**
Von J. Warschat. ISBN 3-540-10717-7
1981, 132 Seiten mit 60 Abbildungen 43,— DM

49 **Bildsensor zur Mustererkennung und Positionsmessung bei programmierbaren Handhabungsgeräten**
Von H. Geißelmann. ISBN 3-540-10735-5.
1981, 125 Seiten mit 52 Abbildungen. 43,— DM

50 **Verfügbarkeitsberechnung für komplexe Fertigungseinrichtungen**
Von Ekkehard Gericke. ISBN 3-540-10779-7.
1981, 132 Seiten mit 71 Abbildungen. 43,— DM

51 **Materialflußgestaltung in Fertigungssystemen**
Von Willi Rößner. ISBN 3-540-10888-2.
1981, 149 Seiten mit 76 Abbildungen. 48,— DM

52 **Beitrag zur Analyse der Auswirkungen der Mikroelektronik, dargestellt am Beispiel der Büromaschinen-Industrie**
Von Werner Neubauer. ISBN 3-540-10991-9.
1981, 145 Seiten mit 27 Abbildungen und 47 Tabellen. 43,— DM

53 **Modelle von Informationssystemen zur kurzfristigen Fertigungssteuerung und ihre Gestaltung nach betriebsspezifischen Gesichtspunkten**
Von Roland Gentner. ISBN 3-540-10992-7.
1981, 181 Seiten mit 69 Abbildungen und 7 Tabellen. 48,— DM

54 **Entwicklung von Verfahren zur Terminplanung und -steuerung bei flexiblen Montagesystemen**
Von Jurgen H. Kolle. ISBN 3-540-11227-8.
1981, 132 Seiten mit 64 Abbildungen und 1 Faltplan 43,— DM

55 **Arbeits- und Kapazitätsteilung in der Montage**
Von Stefan Dittmayer. ISBN 3-540-11228-6.
1981, 124 Seiten und 56 Abbildungen 43,— DM

56 **Beitrag zur systematischen Planung der Qualitätsprüfung bei Klein- und Mittelserienfertigung**
Von Herbert Babic. ISBN 3-540-11325-8
1982, 108 Seiten mit 38 Abbildungen und 7 Tabellen. 53,— DM

57 **Methode zur rechnerunterstützten Einsatzplanung von programmierbaren Handhabungsgeräten**
Von Uwe Schmidt-Streier. ISBN 3-540-11355-X.
1982, 188 Seiten mit 72 Abbildungen. 53.— DM

58 **Werkstoff- und Energiekennwerte industrieller Lackieranlagen, am Beispiel der Automobilindustrie**
Von Rainer Manfred Thiel. ISBN 3-540-11356-8.
1982, 116 Seiten mit 59 Abbildungen. 53.— DM

59 **Maßnahmen zum Verbessern der pneumatischen Lackzerstäubung – Teilchengrößenbestimmung im Spritzstrahl –**
Von Klaus Werner Thomer. ISBN 3-540-11507-2.
1982, 162 Seiten mit 94 Abbildungen und 1 Tabelle. 53.— DM

60 **Ermittlung und Bewertung von Rationalisierungsmaßnahmen im Produktionsbereich**
Von Jürgen Schilde. ISBN 3-540-11730-X.
1982, 158 Seiten mit 57 Abbildungen. 53.— DM

61 **Untersuchung von Verfahren der Reihenfolgeplanung und ihre Anwendung bei Fertigungszellen**
Von Mohamed Osman. ISBN 3-540-11747-4.
1982, 124 Seiten mit 32 Abbildungen und 3 Tabellen. 53.— DM

62 **Ein Simulationsmodell zur Planung gruppentechnologischer Fertigungszellen**
Von Volker Saak. ISBN 3-540-11747-4.
1982, 134 Seiten mit 53 Abbildungen. 53.— DM

63 **Verfahren zur technischen Investitionsplanung automatisierter Fertigungsanlagen**
Von Günter Vettin. ISBN 3-540-11747-4.
1982, 134 Seiten mit 63 Abbildungen. 53.— DM

64 **Pneumatische Sensoren zur prozeßsimultanen Messung des Werkzeugverschleißes und zur Kollisionsvermeidung beim Messerkopffräsen**
Von Wolfgang Jentner. ISBN 3-540-11747-4.
1982, 126 Seiten mit 47 Abbildungen und 6 Tabellen. 53.— DM

65 **Rechnerunterstützte Gestaltung ortsgebundener Montagearbeitsplätze, dargestellt am Beispiel kleinvolumiger Produkte**
Von Eberhard Haller. ISBN 3-540-12015-7.
1982, 130 Seiten mit 43 Abbildungen. 53.— DM

66 **Fernsehüberwachung von Schutzgasschweißvorgängen mit abschmelzender Elektrode MIG – MAG**
Von Ruprecht Niepold. ISBN 3-540-12181-7.
1983, 178 Seiten mit 73 Abbildungen und 5 Tabellen. 58.— DM

67 **Entwicklung flexibler Ordnungssysteme für die Automatisierung der Werkstückhandhabung in der Klein- und Mittelserienfertigung**
Von Karl Weiss. ISBN 3-540-12455-1.
1983, 116 Seiten mit 68 Abbildungen. 58.— DM

68 **Automatisierte Überwachungsverfahren für Fertigungseinrichtungen mit speicherprogrammierten Steuerungen**
Von Werner Eißler. ISBN 3-540-12456-X.
1983, 128 Seiten mit 66 Abbildungen. 58.— DM

69 **Prozeßüberwachung beim Galvanoformen**
Von Jürgen Wilhelm Böcker. ISBN 3-540-12457-8.
1983, 118 Seiten mit 32 Abbildungen. 58.— DM

70 **LAPEX – Ein rechnerunterstütztes Verfahren zur Betriebsmittelzuordnung**
Von Stephan Mayer. ISBN 3-540-12490-X.
1983, 162 Seiten mit 34 Abbildungen und 2 Tabellen. 58.— DM

71 **Gestaltung eines integrierten Produktionssystems für die Sortenfertigung unter Einsatz der Clusteranalyse**
Von Gerald Weber. ISBN 3-540-12650-3.
1983, 194 Seiten mit 54 Abbildungen. 58.— DM

72 **Gußputzen mit sensorgeführten, programmierbaren Handhabungsgeräten**
Von Eberhard Abele. ISBN 3-540-12651-1.
1983, 133 Seiten mit 66 Abbildungen. 58,— DM

73 **Untersuchungen zur Herstellung und zum Einsatz galvanogeformter Erodierelektroden**
Von Harald Müller. ISBN 3-540-12822-0.
1983, 148 Seiten mit 78 Abbildungen. 58,— DM

74 **Ein Beitrag zur Optimierung der Prozeßführungsstrategien automatisierter Förder- und Materialflußsysteme**
Von Hans Steffens. ISBN 3-540-12968-5.
1983. 161 Seiten mit 60 Abbildungen. 58,— DM

75 **Entwicklung eines Verfahrens zur wertmäßigen Bestimmung der Produktivität und Wirtschaftlichkeit von Personalentwicklungsmaßnahmen in Arbeitsstrukturen**
Von Christian Müller. ISBN 3-540-13041-1.
1983. 129 Seiten mit 19 Abbildungen. 58,— DM

76 **Berechnung der Gestaltänderung von Profilen infolge Strahlverschleiß**
Von Wolfgang Marx. ISBN 3-540-13054-3.
1983. 121 Seiten mit 58 Abbildungen. 58,— DM

77 **Algorithmen zur flexiblen Gestaltung der kurzfristigen Fertigungssteuerung**
Von Rudolf E. Scheiber. ISBN 3-540-13500-6.
1984, 150 Seiten mit 73 Abbildungen und 1 Tabelle. 63.— DM

78 **Galvanisieren mit moduliertem Strom**
Von Jürgen Wolfgang Mann. ISBN 3-540-13733-5.
1984, 145 Seiten und 58 Abbildungen. 63,— DM

79 **Fluoreszenzmeßverfahren zur Schmierfilmdickenmessung in Wälzlagern**
Von Wolfgang Schmutz. ISBN 3-540-13777-7.
1984, 141 Seiten und 66 Abbildungen. 63,— DM

IPA-IAO Forschung und Praxis
Berichte aus dem Fraunhofer-Institut für Produktionstechnik und
Automatisierung (IPA), Stuttgart, Fraunhofer-Institut für Arbeitswirtschaft
und Organisation (IAO), Stuttgart, und Institut für Industrielle Fertigung
und Fabrikbetrieb der Universität Stuttgart

Herausgeber: Prof. Dr.-Ing. H. J. Warnecke und Prof. Dr.-Ing. H.-J. Bullinger

80 **Flexibilität und Kapazität von Werkstückspeichersystemen**
Von Bernhard Graf. ISBN 3-540-13970-2.
1984, 115 Seiten mit 71 Abbildungen. 63,— DM

T1 **Flexible Fertigungssysteme**
17. IPA-Arbeitstagung zusammen mit der 3. Internationalen Konferenz
Flexible Manufacturing Systems (FMS-3)", ISBN 3-540-13807-2.
1984, 249 Seiten mit zahlreichen Abbildungen. 118,— DM

T2 **Integrierte Bürosysteme**
3. IAO-Arbeitstagung. ISBN 3-540-13978-8.
1984, 633 Seiten mit zahlreichen Abbildungen. 168,— DM

81 **Rechnerunterstützte Planung von Montageablaufstrukturen für Erzeugnisse der Serienfertigung**
Von Ernst-Dieter Ammer. ISBN 3-540-15056-0.
1985, 120 Seiten mit 1 Faltblatt und 33 Abbildungen. 63,— DM

82 **Flexibilität von personalintensiven Montagesystemen bei Serienfertigung**
Von Heinrich Vähning. ISBN 3-540-15093-5.
1985, 152 Seiten mit 49 Abbildungen. 63,— DM

83 **Ordnen von Werkstücken mit programmierbaren Handhabungsgeräten und Werkstückerkennungssensoren**
Von Ingo Schmidt. ISBN 3-540-15375-6.
1985, 111 Seiten mit 66 Abbildungen. 63,— DM

84 **Systematische Investitionsplanung**
Von Jorge Moser. ISBN 3-540-15370-5.
1985, 190 Seiten mit 69 Abbildungen. 63,— DM

T3 **Montage · Handhabung · Industrieroboter**
Internationaler MHI-Kongreß im Rahmen der Hannover-Messe '85. ISBN 3-540-15500-7.
1985, 267 Seiten mit zahlreichen Abbildungen. 128,— DM

85 **Flexible Montagesysteme – Konzeption und Feinplanung durch Kombination von Elementen**
Von Peter Konold / Bernd Weller ISBN 3-540-15606-2.
1985, 162 Seiten mit 71 Abbildungen und 9 Tabellen. 63,— DM

T4 **Menschen · Arbeit · Neue Technologien**
4. IAO-Arbeitstagung zusammen mit der 2. Internationalen Konferenz
„Human Factors in Manufacturing". ISBN 3-540-15763-8.
1985, 442 Seiten mit zahlreichen Abbildungen. 168,— DM

86 **Leitstandunterstützte kurzfristige Fertigungssteuerung bei Einzel- und Kleinserienfertigung**
Von Lothar Aldinger. ISBN 3-540-15903-7.
1985, 151 Seiten mit 49 Abbildungen und 2 Tabellen. 63,— DM

87 **Bestimmen des Bürstenverhaltens anhand einer Einzelborste**
Von Klaus Przyklenk. ISBN 3-540-15956-8.
1985, 117 Seiten mit 74 Abbildungen. 63,— DM

88 **Montage großvolumiger Produkte mit Industrierobotern**
Von Jörg Walther. ISBN 3-540-16027-2.
1985, 125 Seiten mit 58 Abbildungen. 63,— DM

89 **Algorithmen und Verfahren zur Erstellung innerbetrieblicher Anordnungspläne**
Von Wilhelm Dangelmaier. ISBN 3-540-16144-9.
1986, 268 Seiten mit 79 Abbildungen. 68,— DM

90 **Bewertung der Instandhaltung von Fertigungssystemen in der technischen Investitionsplanung**
Von Hagen U. Uetz. ISBN 3-540-16166-X.
1986, 129 Seiten mit 38 Abbildungen. 68,— DM

91 **Entgraten durch Hochdruckwasserstrahlen**
Von Manfred Schlatter. ISBN 3-540-16172-4.
1986, 167 Seiten mit 89 Abbildungen und 18 Tabellen. 68,— DM

92 **Werkstückorientierte Verfahrensauswahl zum Gußputzen mit Industrierobotern**
Von Wolfgang Sturz. ISBN 3-540-16224-0.
1986, 156 Seiten mit 59 Abbildungen. 68,— DM

93 **Verfahren zur Verringerung von Modell-Mix-Verlusten in Fließmontagen**
Von Reinhard Koether. ISBN 3-540-16499-5.
1986, 175 Seiten mit 46 Abbildungen und 1 Tabelle. 68,— DM

94 **Entwicklung und Einsatz eines interaktiven Verfahrens zur Leistungsabstimmung von Montagesystemen**
Von Günter Schad. ISBN 3-540-16978-4.
1986, 120 Seiten mit 31 Abbildungen und 1 Tabelle. 68,— DM

95 **Qualifizierung an Industrierobotern**
Von Wolfgang Bachl. ISBN 3-540-17018-9.
1986, 218 Seiten mit 30 Abbildungen. 68,— DM

96 **Rechnersimulation des Beschichtungsprozesses beim Elektrotauchlackieren – Anwendung zum Berechnen des Umgriffs**
Von Otto Baumgärtner. ISBN 3-540-17102-9.
1986, 113 Seiten mit 42 Abbildungen. 68,— DM

97 **Ergonomische Gestaltung von Rotationsstellteilen für grob- und sensomotorische Tätigkeiten**
Von Werner F. Muntzinger. ISBN 3-540-17247-5.
1986, 135 Seiten mit 51 Abbildungen und 33 Tabellen. 68,— DM

98 **Die optische Rauheitsmessung in der Qualitätstechnik**
Von R.-J. Ahlers. ISBN 3-540-17242-4.
1986, 133 Seiten mit 56 Abbildungen und 2 Tabellen. 68,— DM

99 **Maschinelle Spracherkennung zur Verbesserung der Mensch-Maschine-Schnittstelle**
Von Gerhard Rigoll. ISBN 3-540-17350-1.
1986, 134 Seiten mit 55 Abbildungen. 68,— DM

100 **Konzeption und Auswahl modularer Magazinpaletten**
Von Thomas Zipse. ISBN 3-540-17584-9.
1987, 126 Seiten mit 54 Abbildungen. 68,— DM

101 **Anschlüsse an Kupferrohre – Herstellung und Automatisierungsmöglichkeit**
Von Eberhard Rauschnabel. ISBN 3-540-17807-4.
1987, 120 Seiten mit 88 Abbildungen. 68,— DM

102 **Mengen- und ablauforientierte Kapazitätsplanung von Montagesystemen**
Von Hans Sauer. ISBN 3-540-17815-5.
1987, 156 Seiten mit 64 Abbildungen. 68,— DM

103 **Verfahrensinstrumentarium zur Werkstückauswahl und Auslegung von Industrieroboterschweißsystemen**
Von Herbert Gzik. ISBN 3-540-17928-3.
1987, 138 Seiten mit 56 Abbildungen. 68,— DM

104 **Integration von Förder- und Handhabungseinrichtungen**
Von Joachim Schuler. ISBN 3-540-17955-0.
1987, 153 Seiten mit 61 Abbildungen. 68,— DM

105 **Produktionsmengen- und -terminplanung bei mehrstufiger Linienfertigung**
Von H. Kühnle. ISBN 3-540-18038-9.
1987, 124 Seiten mit 25 Abbildungen. 68,— DM

106 **Untersuchung des Plasmaschneidens zum Gußputzen mit Industrierobotern**
Von Jong-Oh Park. ISBN 3-540-18037-0.
1987, 142 Seiten mit 70 Abbildungen. 68,— DM

107 **Fügen von biegeschlaffen Steckkontakten mit Industrierobotern**
Von Daegab Gweon. ISBN 3-540-18134-2.
1987, 115 Seiten mit 13 Abbildungen. 68,— DM

108 **Entwicklung eines biomechanischen Modells des Hand-Arm-Systems**
Von Georgios Tsotsis. ISBN 3-540-18135-0.
1987, 163 Seiten mit 45 Abbildungen. 68,— DM

109 **Ein Beitrag zur Planungssystematik für die automatisierte flexible Blechteilefertigung**
Von Thomas Weber. ISBN 3-540-18136-9.
1987, 149 Seiten mit 56 Abbildungen. 68,— DM

110 **Entwicklung eines Meßverfahrens zur Bestimmung des Positionier- und Orientierungsverhaltens von Industrierobotern**
Von Günter Schiele. ISBN 3-540-18137-7.
1987, 116 Seiten mit 48 Abbildungen. 68,— DM

111 **Schwingungsbelastung beim Arbeiten mit handgeführten, einachsigen Motormähgeräten**
Von Peter Kern. ISBN 3-540-18193-8.
1987, 145 Seiten mit 43 Abbildungen und 5 Tabellen. 68,— DM

112 **Entwicklung eines berührungslosen Tastsystems für den Einsatz an Koordinatenmeßgeräten**
Von Hie-Sik Kim. ISBN 3-540-18578-X.
1987, 111 Seiten mit 62 Abbildungen und 4 Tabellen. 68,— DM

113 **Qualifizierung an Industrierobotern – Ziele, Inhalte und Methoden**
Von Volker Korndörfer. ISBN 3-540-18618-2.
1987, 318 Seiten mit 100 Abbildungen. 68,— DM

114 **Funktional und räumlich variables und modulares Laborgerätesystem**
Von Alfred Mack. ISBN 3-540-18786-3.
1988, 116 Seiten mit 39 Abbildungen. 73,— DM

115 **Produktrecycling im Maschinenbau**
Von Rolf Steinhilper. ISBN 3-540-18849-5.
1988, 167 Seiten mit 50 Abbildungen. 73,— DM

Die Bände sind im Erscheinungsjahr und in den folgenden drei Kalenderjahren zu beziehen durch den örtlichen Buchhandel oder durch Lange & Springer, Otto-Suhr-Allee 26-28, 1000 Berlin 10.

MIX
Papier aus verantwortungsvollen Quellen
Paper from responsible sources
FSC® C105338

If you have any concerns about our products,
you can contact us on
ProductSafety@springernature.com

In case Publisher is established outside the EU,
the EU authorized representative is:
**Springer Nature Customer Service Center GmbH
Europaplatz 3, 69115 Heidelberg, Germany**

Printed by Libri Plureos GmbH
in Hamburg, Germany